关于记忆的30个“秘密”

主编
马绍骏　汪海娅　曹明节

内容提要

本书是一本内容深入浅出的科普读物，书中的每一个记忆“秘密”都聚焦于记忆的一个特定方面，系统地介绍了记忆在不同生命周期的特征和与之相关的常见问题。每个主题都针对一个具体的记忆现象或问题，不仅科学地解释了记忆的工作原理，还提供了改善记忆的策略和技巧，使读者能够从多个角度理解记忆的复杂性及其在日常生活中的应用。

本书的科学深度和实用广度，使其适合多年龄段的读者使用。通过阅读本书，学生和教育工作者可以了解增强学习记忆力的技巧，家长可以了解如何在孩子的不同成长阶段辅助其记忆力的发展，中老年人及其家属可了解延缓记忆力减退和预防认知障碍的策略。

图书在版编目(CIP)数据

关于记忆的 30 个“秘密”/马绍骏，汪海娅，曹明节主编. —上海：上海交通大学出版社，2024.8
ISBN 978-7-313-31498-7

Ⅰ.B842.3-49

中国国家版本馆 CIP 数据核字第 2024CT0271 号

关于记忆的 30 个“秘密”
GUANYU JIYI DE 30 GE “MIMI”

主　　编：马绍骏　汪海娅　曹明节
出版发行：上海交通大学出版社　　地　　址：上海市番禺路 951 号
邮政编码：200030　　电　　话：021-64071208
印　　制：上海文浩包装科技有限公司　　经　　销：全国新华书店
开　　本：880mm×1230mm　1/32　　印　　张：4.375
字　　数：96 千字
版　　次：2024 年 8 月第 1 版　　印　　次：2024 年 8 月第 1 次印刷
书　　号：ISBN 978-7-313-31498-7
定　　价：48.00 元

编委会

主　编　马绍骏　汪海娅　曹明节

副主编　陈　蓄　孙　瓒　朱　珠

编　委（按姓氏笔画排序）

王曹锋　杜　岑　林绍慧　胡　萍

前 言

记忆的起源

你听说过那个典故吗？人类对记忆的探索就像是在寻找一根掉落在马戏团大帐篷里的针一样，虽然有点困难，但是充满了刺激和乐趣。我们人类可是非常好奇的生物，总是想知道自己从哪里来，为什么会忘记前一秒想说的话，或者为什么有时候脑子里会突然蹦出一些奇怪的回忆。

那记忆究竟是什么呢？从古至今，人类对记忆的好奇和探索从未停止。

让我们一起回看一下记忆的编年史：

公元前 5 世纪

古希腊诗人西蒙尼德斯创造了现在被称为“关联法”或“记忆宫殿”的记忆方法，世界记忆冠军利用这种技术可以将圆周率记忆到小数点后 67 890 位数。

公元前 4 世纪

哲学家柏拉图和亚里士多德提出了最早的记忆理论，将记忆描述为类似于蜡板上的雕刻。

19 世纪

德国心理学家赫尔曼·艾宾浩斯(Hermann Ebbinghaus),首次使用科学方法研究记忆。他不关注记忆储存在大脑中的具体位置,而是关注记忆是如何工作的。他创造了一系列的词语,为测试记忆和遗忘的不同方面提供了一种方法,并由此划分了三种记忆类型:感觉记忆、短期记忆和长期记忆。

20 世纪

加拿大心理学家唐纳德·赫布(Donald Hebb)提出,同时活跃的脑细胞会形成新的、更强的连接,这一理论是我们拥有长期记忆能力的基础。

圣地亚哥·拉蒙-卡哈尔(Santiago Ramóny Cajal)和卡米洛·高尔基(Camillo Golgi)同时被授予 1906 年度的诺贝尔生理学或医学奖,以表彰他们在染色技术方面的研究成果,该技术首次提供了单个神经元的清晰图像。

加拿大神经外科医生怀尔德·潘菲尔德(Wilder Penfield)发现只需刺激大脑皮质的一部分,就能唤起记忆。

亨利·莫莱森(Henry Molaison)为了治疗癫痫病,被切除了两侧海马,因此患上了很严重的健忘症,无法长期储存新的记忆。他的记忆问题表明,海马是产生新记忆的关键,但记忆本身储存在大脑的其他地方。

伊丽莎白·洛夫特斯(Elizabeth Loftus)和她的同事们证明了记忆的可塑性,特别是虚假记忆是如何被植入我们大脑的。

21 世纪

2017 年,高石北村(Takashi Kitamura)带领的麻省理工学院研究团队发现,短时记忆和长时记忆实际上是同时产生的。这推翻了几十年来关于“长期记忆如何形成的”等方面的理论。

尽管当今的科学技术已经有了长足的发展,但到揭开记忆之谜还相距甚远,关于“大脑是如何记忆的”等内在机制还需要进一步拨开神秘的面纱。

那么,亲爱的读者,你们准备好了吗?将你的大脑调至“记忆增强”模式,捧着这本书,让我们带着好奇心,一起踏上这段记忆之旅,与记忆的奇妙世界来一次亲密接触的冒险吧。

记忆的发展

记忆是维系我们每个人生活的纽带,连接着我们的过去和现在。这位随行的旅伴,与我们共同航行于生命的海洋。它不仅捕捉过去的风景,更指引着现在的航向,预示着未来的目的地。亲爱的读者,让我们跟着这本书,从孩提到暮年,一同去探索记忆发展的神奇之旅吧。

初生之初:感觉记忆的萌芽

婴儿在出生时,大脑的记忆系统尚未完全成熟。然而,即使在这个阶段,婴儿也能通过感觉记忆开始学习。这种类型的记忆涉及诸如触觉、味觉和嗅觉等感觉,是非常原始的记忆形式。研究表明,新生儿能够分辨出母亲的味道和声音,这种能力是通过感觉记忆获得的。

童年时光:认知记忆的成长

随着儿童的成长,他们的记忆能力迅速发展。在这个阶段,认知记忆开始形成,儿童能够记忆事实、概念和经验。语言的发展极大地促进了记忆的成长,因为语言为儿童提供了表达和组织记忆的工具。此外,这个阶段的儿童也开始展示出工作记忆的能力,即具有能够在大脑中临时存储和处理信息的能力。

青春期:记忆的巩固与挑战

进入青春期,记忆系统继续成熟,记忆的存储和检索能力达到高峰。这一时期,青少年能够学习和记忆复杂的概念和技能。然而,这也是一个具有挑战性的时期,因为青春期的心理和社会变化可能会影响记忆功能。例如,压力和焦虑可能会干扰记忆的形成和检索。

成年期:记忆的运用与优化

成年期是运用记忆能力的黄金时期。人们将学会如何有效地使用记忆,例如通过重复、联想和构建记忆桥梁来加强记忆。在这个阶段,人们也可能意识到记忆力的局限,并学习各种策略来应对。例如,使用笔记、列表和电子提醒等外部工具来帮助记忆。

老年期:记忆的保护与衰退

随着年龄的增长,记忆力可能会开始下降。这是大脑自然衰老过程的一部分,可能表现为记忆检索速度减慢或记忆准确性下降。然而,并非所有的记忆力都会随年龄衰退,例如有关过去生活经验的记忆往往能够得到较好的保留。在这个阶段,保持大脑活跃,如通过阅读、解谜和社交活动,可以帮助减缓记忆衰退的速度。

记忆力衰退有时也可能是某些疾病(如阿尔茨海默病等神经

退行性疾病)的早期迹象。这些疾病影响大脑的结构和功能,导致记忆力严重下降。早期识别和干预对于缓解这些病症至关重要。因此,面对记忆力的持续下降,应及时寻求医生的帮助。

记忆之航,探索无限

想象一下,我们的记忆是一艘船,在时间的河流里前行。有时它平稳航行,有时遇到波涛,但它始终承载着我们的梦想、知识和情感,让我们能在生命的每个阶段把握方向,继续探索。通过健康的生活方式,我们给这艘船加固壳体;通过持续学习,我们为它装上强大的引擎;通过社交和记忆训练,我们装配了高级的导航系统;通过减少压力和及时的医疗干预,我们确保了这艘船能在风浪中平稳前行。

生命的海域浩瀚无垠,记忆之船永不停歇,让我们珍惜它、呵护它,让它带领我们在人生的大海中自由航行,探索生命的无限可能。

目　录

婴幼儿期记忆

学龄前及学龄期记忆

青春期记忆

成年期记忆

老年期记忆

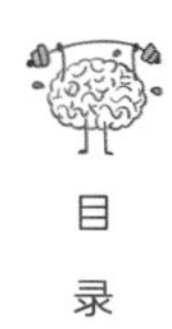

婴幼儿期记忆

1. 什么时候开始有记忆？

你还记得自己2岁的时候吗？可能不记得了，这很正常。我们通常不会记住那么早期的事情，这种现象叫作"童年失忆症"。但这并不意味着婴幼儿没有记忆。其实，婴幼儿期记忆的故事远比你想象的还要精彩。

想象一下，你正在跟宝宝玩一个简单的游戏——用布遮住玩具，然后快速揭开，宝宝会笑得合不拢嘴。为什么呢？因为对他们来说，玩具的"消失"和"重现"就像一场魔术。但是，过了几年，他们可能就完全不记得这个游戏了。这是为什么呢？

1）记忆是怎么工作的？

记忆是大脑对客观事物的信息进行编码、存储和提取的认知过程。记忆的形成是一个复杂的过程，涉及多个神经元与脑区的相互作用。这里需要提到不同记忆类型的区别。

少于1分钟的记忆称为短期记忆。事实上，大多数婴幼儿的记忆都是短暂并且对时间敏感的。当婴儿2个月大时，记忆只能持续几个小时；3个月后，记忆能持续约一周；18个月大时，仍然能记得几周前发生的事情。

超过 1 分钟的记忆称为长期记忆。婴幼儿在幼年时期学习的词汇、了解到的关于世界的知识及通过肌肉记忆学会的走路、骑车、游泳等，都是具有延续性的，将为终身所用。也许我们会忘记当时学习的场景，即情景记忆部分，但这并不影响我们后续熟练地使用这些技能和知识。学习技能属于长期记忆中的语义记忆和程序性记忆部分。

2）婴幼儿有记忆吗？

答案是肯定的。

婴幼儿无意识学习和执行任务的能力其实十分强大，这属于一种内隐记忆。即使是新生儿，他们也有能力模仿大人的表情，比如伸舌头、张嘴，显示出他们有学习和模仿的能力。有趣的是，研究表明，婴儿在三个月大时就能认出自己的妈妈了。

随着宝宝长大，慢慢开始学习吃饭、爬行、走路、说话等，这都是执行程序性记忆的过程。研究者还发现，9 个月的胎儿在听到

妈妈外放一首儿歌时，会出现心跳加速，如果反复播放同一首歌，胎儿心跳加速的变化会逐渐消失，换成新歌后胎儿又会出现心跳加速。这说明此时胎儿已经产生了记忆，能分辨不同音乐的差异了，是不是很有意思？

婴幼儿的语义记忆能力也非常出色，并且随着年龄增长而迅速发展。语义记忆是对词语、概念、规则和定律等抽象事实的记忆，比如各种水果的名称，或者“1＋1＝2”的概念。3～4 个月的婴儿就能认识较多不同的事物，比如狗和猫；9 个月的婴儿可以区分不同物品的形状和颜色。14 个月左右的婴儿可以对物品进行更高级的分类，比如需要喝水和睡觉的是动物，用油和用电的是汽车。

3）为什么记不住婴儿时期的事情呢？

当我们还是婴儿的时候，我们的大脑已经非常聪明，拥有了强大的感觉记忆、程序性记忆和语义记忆能力。瑞士神经科学家拉文克斯曾提出，孩子 2 岁左右时，负责长期记忆的海马才开始成熟，让我们拥有了一个叫作“情景记忆”的特殊能力。情景记忆是由意识产生的亲身体验和对细节的回忆，也称为经验记忆。海马的存在不仅让我们建立起关于空间的认知地图、帮助我们记住位置并找到正确路线，还表明我们关于过去的记忆是建立在认知地图上的，这可能解释了为什么我们很难记住婴儿时期发生的事情。

由此可见，虽然我们无法回忆起具体的婴儿时期的经历，但我们仍然可以利用那强大的感觉记忆、程序性记忆和语义记忆能力来学习和成长。让我们呼唤聪明的大脑，继续探索新的记忆和经历吧。

2. 长大了为什么会忘记儿时的记忆？

你有没有想过，为什么我们很难回忆起婴儿时期的记忆？是的，那些被父母反复讲述的萌趣故事，我们自己却如同旁观者一般，对此没有丝毫印象。科学家称这种现象为“童年失忆症”，我们在上篇文章中也有所提及，但这并非真正的失忆，而是一种与大脑发育相关的自然过程，让我们一起探索其背后的奥秘。

1）记忆相关脑区未发育成熟

我们大脑的海马是对记忆形成非常关键的脑区，但是当人类还处于幼年时期时，该区域尚未成熟，不能很好地实现情景记忆的编码、存储、提取。因此，在婴儿时期，无论是记忆的形成还是记忆的提取过程，都存在较大的生理障碍，这使得那时的我们无法对一件事情形成丰富的记忆。而随着年龄的增长和神经细胞逐步发育完全，便逐渐能够形成长久的记忆了。

2）记忆储存形式发生了改变

与成人时期的记忆不同，婴幼儿时期的记忆可能以情景记忆为主，与特定的场景和经历密切相关；而成人时期的记忆则更多地依赖语义记忆，即抽象的概念和知识。随着年龄的增长，大脑对情景记忆的处理会逐渐减弱，导致早期的记忆逐渐丧失。简单来说，你可以将其视为大脑对记忆的“翻译”方式从简单的图画，转变为复杂的文字描述。

3）大脑对神经元的优化和剔除

婴幼儿时期的大脑发育非常快速，神经回路和突触连接正在不断形成和重组。随着大脑的发展和成熟，旧的神经回路可能被新的连接所取代，这可能导致早期的记忆逐渐消失。打个比方，婴幼儿对不同的语言有相似的敏感度，但一旦处于相对固定的母语环境中，长大后学习其他语言就会变得困难，因为在这个过程中其他不常用到的神经元连接被大脑优化和剔除掉了。可以说大脑在发育的过程中利用记忆筛选塑造了后来完整的我们。

4）语言对记忆力发展的影响

语言不仅仅是沟通的工具，它还是我们记忆中不可或缺的一部分。对于3岁前的小孩来说，他们的语言能力还在发展中，这意味着他们的记忆更多是依赖于直接的感知——看到的、听到的、摸到的，以及当时的情境，比如在公园的草地上摔倒，或者是尝试第一次自己吃饭。随着孩子们语言能力的提升，他们开始用语言来编码记忆，用自己的话来复述经历，这样不仅帮助他们理解和记住经历，还能让这些记忆变得更有意义。然而，这并不意味着没有语言能力的儿童就无法形成有意义的记忆。有些心理学家的研究表明，即便是天生耳聋且不会手语的儿童，他们形成最初记忆的时间并不比其他儿童晚。这启示我们，记忆的形成比我们想象的要复杂，它不仅仅依赖于语言，还有其他的因素在起作用。

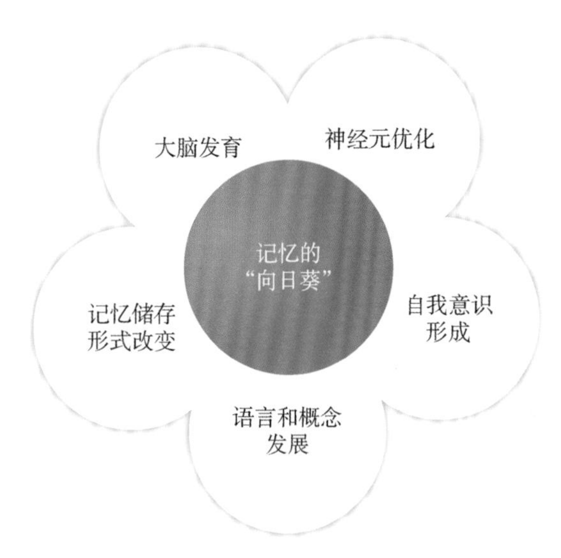

图 1　记忆的“向日葵”——“童年失忆症”可能的产生机制

拿我们的生活来说，当你回忆起小时候的一次生日派对时，可能不记得具体的对话，但你记得蛋糕的味道，记得吹灭蜡烛时的兴奋，这些都是没有语言的记忆。但随着年龄的增长，我们更多地通过讲故事的方式来回忆那些时刻，语言成了我们连接过去与现在的桥梁。

5）自我意识的缺乏

自我意识是指个体对自身存在和身份的感知和认知，也是形成和保持早期记忆的关键。婴幼儿从开始认识到“我”及与“我”相关的事件经历那一刻起，他们就能检索到相应的记忆。这种意识通常在婴幼儿时期的早期阶段尚未完全形成，而是随着大脑发育和认知能力的发展而逐渐成熟。

心理学家发现：18个月的宝宝已经开始对镜子里的自己感到好奇，在2岁以后才慢慢认识到镜子里的小宝贝就是“自己”。从某种意义上来说，只有当我们开始认识到“我是谁”，以及“这个世界与我有何关联”时，我们才能开始形成、检索和保存那些与自己密切相关的记忆。

一般来说，长大后失去婴幼儿时期的记忆可能是由于大脑发育、记忆存储形式改变、神经元优化、语言和概念发展及自我意识形成等多种因素的综合影响导致的。尽管具体的机制还需要进一步研究，但这是一种相对普遍和正常的记忆现象。

3. 婴幼儿需要开发记忆力吗？

婴幼儿时期是大脑发育的关键时期，婴幼儿的记忆力发展对其日后的学习和发展至关重要。因此，对婴幼儿进行记忆力的开发是非常有益的。面对育儿焦虑——“不能让孩子输在起跑线上”，开发记忆力真的可以按下快捷键吗？

前面我们有提到“童年失忆症”，研究认为这和大脑神经元的优化和剔除的过程有关系，是我们人类大脑发育的客观过程。既然大脑的发育决定了孩子的记忆力在不同的发展阶段会有不同的特点，因此对应的培养方式也需要有所区别。

1）新生儿阶段（出生至28天）

新生儿的记忆能力主要表现在感觉记忆上，例如对声音、味道和触感等的记忆。以无意、机械、形象记忆为主，这种记忆方式虽然简单，但却是他们早期学习的基础。

感觉记忆是宝宝的第一本“教科书”。当宝宝听到妈妈温柔的声音或是感受到爸爸轻柔地触摸时，他们其实正在“学习”。这不仅仅是一个无意识、机械式的记忆过程，更是他们认识世界的开始。通过这些简单的感觉体验，宝宝们逐渐学会辨识周围的环境和亲人。其他多样化的感觉体验也都可以成为他们感官学习的素材，例如，舒缓的音乐、家中的各种香味。在陪伴新生宝宝的过程中，不要忘记与他们进行亲密的互动。一个拥抱、一个亲吻，甚至是眼神的交流，都能给宝宝带来安全感和温暖。这种情感的交流不仅能加深与孩子的情感联系，还能促进宝宝情绪记忆的形成，让他们在一个充满爱的环境中健康成长。

2）婴儿阶段（出生至1岁）

在这个时期，婴儿的记忆发展得到了进一步的提高，能够记住一些基本的日常经验和重复事件，如父母的面部特征、常见物品等。这个阶段的宝宝以形象和机械记忆为主，词语记忆开始发展，引导理解记忆。

我们可以通过重复事件巩固婴儿的记忆，例如反复播放一首简单的儿歌来帮助孩子记住歌词和旋律；还可以让婴儿亲身参与日常活动，如穿衣、洗手等，以帮助他们记忆基本的日常经验。

3）幼儿阶段（1～3岁）

幼儿的记忆能力逐渐增强，开始形成时间顺序记忆和事件连贯的记忆，能够记住更多复杂的信息和日常活动。在这个阶段，孩子的有意识记忆逐渐发展，开始形成多维的自我训练模式。

这个阶段的孩子热衷于与父母、亲人或其他小伙伴互动玩耍，例如，玩“找东西”“躲猫猫”的游戏，或者参与一些“角色扮演”的小活动，这些既可以锻炼记忆，也能培养他们的注意力和观察能力。

需要注意的是，情绪体验对记忆力的发展也有重要影响。情绪可以强化记忆编码，促进记忆信息的存储和检索过程，同时会影响孩子的注意力和意识。因此，通过创造积极的情绪体验，例如让婴幼儿参与有趣的活动或游戏，可以提高他们对相关记忆的保持和回忆能力。

总而言之，婴幼儿的记忆力发展是一个渐进的过程，应避免急于求成。家长们需要根据孩子的年龄和发展阶段，选择合适的培养方式。就像为宝宝挑选具有营养的食物一样，给他们提供丰富多样的感官刺激。还可以通过重复巩固学习、进行游戏互动和创造积极的情绪体验等方式帮助婴幼儿开发记忆力。

同时，我们还要记住，别让记忆变成一座大山压在孩子们的肩膀上。相反，我们更应该创造一个轻松、愉快的学习环境，并给予孩子们足够的支持，用快乐的学习工具为他们未来的发展奠定坚实的基础。

学龄前及学龄期记忆

4. 学龄前儿童的记忆有什么特点？

在一次飞往厦门的旅途中，我和我 6 岁的女儿一起看了一部讲述传奇人生的电影。电影一开始就提出了一个问题：你最早的记忆是几岁？这让我回想起自己的童年，我最早的记忆大概停留在 6 岁。好奇之下，我问女儿她是否还记得小时候的事情。她调皮地伸了伸舌头，回答说大部分都忘记了，但如果看看手机上的照片，或许能想起一些。

这让我对学龄前儿童的记忆产生了极大的兴趣。从四岁半开始，我的女儿就开始学习弹钢琴，经过一年多的时间，她从简单的

《小星星》到更复杂的曲目，几乎都能过目不忘。钢琴老师对此既喜又忧，总是提醒她要看谱，但女儿总是说已经背下来了。这种记忆力的表现，其实正体现了学龄前儿童记忆的一个特点——无意识记忆占优势，有意识记忆逐渐发展。

1）无意识记忆占优势

在孩子们的早期成长阶段，从大约3岁直到他们准备踏入小学的大门，这个时间段被认为是学龄前期。在这一时期，孩子们的记忆力和其他心理功能都在逐渐发展。他们开始更流畅地发音，词汇量显著增加，语言内容变得更加丰富，逐渐掌握语法结构，甚至开始接触书面语。这是他们学习语言的黄金时期。

学龄前儿童的记忆主要是无意识的。他们不太会刻意去记忆事物。曾有这样一个实验，研究者在桌面上设置了假想的场景，如厨房、花园、卧室等，并要求一组孩子在这些场景中使用一系列图片“玩游戏”，图片上都是孩子们熟悉的物品，比如水壶、苹果、狗等，共15张图片。游戏结束后，这组的孩子被要求回忆他们玩过的物品，以此来检测他们的无意识记忆。而另一组的孩子则被要求尝试有意识地记住这15张图片的内容。结果显示，在学龄前的孩子中，他们无意识记忆的效果普遍优于有意识记忆的效果。不过，进入小学阶段后，有意识记忆的效果会逐渐超过无意识记忆的效果。

无意识记忆是孩子们在进行感知和思考任务时自然而然产生的。活动越是吸引他们的注意力，无意识记忆的效果就越好。简单来说，越是直观、形象、具体、鲜明的物质，以及在参与感官越多的情况下，孩子们就越容易对其进行记忆。例如，与单纯的道德说教相比，感人的道德故事表演更能触动孩子们的心弦；同样，如果孩子们对某事物有追求的欲望，那他们对这种事物的无意识记忆效果也就更好。

2）有意识记忆逐渐发展

随着孩子们年龄的增长，有意识记忆的发展是学龄前儿童记忆发展中最重要的质的飞跃。这种记忆的发展往往与成人的指导密切相关。例如，讲故事前预先告知孩子们会让他们复述故事，或在背诵儿歌时要求他们尽快记住。这些都是促进有意识记忆发展的方法。

在游戏中，学龄前儿童的有意识记忆表现得尤为出色。例如，在“开商店”游戏中，扮演“顾客”的孩子必须记住各种所需购买的商品的名称。这种角色扮演自然而然地让孩子们认识到记忆的任务，并因此而努力记忆，提高了记忆效果。

3）记忆的其他特点

除了上述的无意识记忆和有意识记忆外，学龄前儿童的记忆还有一些其他的特点。例如，他们的记忆通常非常具体，依赖于感官体验。孩子们更容易记住那些与他们的感觉直接相关的事物，如颜色鲜艳的玩具或者某种特别的味道。这是因为学龄前儿童的世界观还在形成中，他们通过感官来了解周围的环境。一个典型的例子是，当我们带孩子去动物园时，他们可能会忘记看过哪些动

物，但却能清晰地记得摸到毛茸茸的小动物时软软的感觉，或者是老虎的叫声所带来的震撼。

此外，学龄前儿童的记忆也会受到情绪的影响。积极的情绪体验，比如在公园里玩耍的快乐，往往更容易被记住。反之，如果经历了某件引起负面情绪的事件，学龄前儿童可能会选择性忘记。这种情绪对记忆的影响在成人身上也同样存在，但在孩子们身上表现得更加明显。

还有一个有趣的特点是学龄前儿童记忆的重构性。孩子们在回忆一个事件时，可能会加入一些并不存在的细节。这不是谎言，而是他们在试图用现有的信息填补记忆中的空白。例如，如果问一个孩子他在海边的经历，他可能会说看到了鱼在水里跳舞，尽管实际上他看到的可能只是水面上的光影变化。

记忆不仅仅是对过去事件的回顾，它还是学习新知识的基础。学龄前期的记忆特点，尤其是无意识记忆的强大，对于他们的学习非常重要。通过无意识地吸收信息，孩子们能够在不知不觉中学习语言、社会规则及日常生活中的各种技能。

但这也意味着，作为家长或教育者，需要创造一个丰富、多彩的学习环境，让孩子们能够通过各种感官体验进行学习。例如，通过唱歌、跳舞、绘画和讲故事等活动，孩子们可以在愉快的氛围中学习新知识，这些经历会以无意识记忆的形式深深地植入他们的大脑中。

我们每个人的记忆都是独一无二的，它构成了我们个性的一部分，影响着自身的思考方式和世界观。通过积极地参与孩子的学习和记忆过程，不仅能够增进亲子关系，还能帮助他们保持对世界的好奇心和探索欲，这是任何知识都无法比拟的宝贵财富。

5. 为什么睡眠会影响记忆？

想象一下，你在一个晴朗的周末早上醒来，昨晚你早早上床，睡了个好觉。你感到精神焕发，记忆力好像也变得更好了，那些平时难以记住的东西突然变得清晰起来。这不是巧合，科学研究证明，睡眠对我们的记忆有着不可或缺的作用。

让我们从小青稞的故事开始说起。

小青稞是个活泼、可爱的孩子，但就是不太愿意午睡。对她来说，能在幼儿园逃过午睡，简直是一种成就。她可能会跟妈妈炫耀说："今天我又没被老师发现我没睡觉！"或者和小伙伴玩起了"警察抓小偷"的游戏，忘记了睡觉的事。

在长辈的教育中，经常听到这些话"小孩子要早点睡，多睡觉，这样才能长得高""多睡觉的孩子聪明"……这些话听起来像是老生常谈，但其实这些话背后是有科学依据的。研究显示，睡眠不足会严重影响儿童的注意力和记忆力。

1）儿童睡眠不足影响记忆能力

有研究人员对学龄前儿童进行了一项研究，探讨睡眠时长对他们认知能力的影响。结果表明，晚上睡得越久，孩子们的注意力和记忆力就越好，并且白天的小睡也同样重要。这是因为，不管是白天还是晚上的睡眠，它们都对孩子的注意力和工作记忆有着显著的正面影响。这意味着，让孩子们有足够的睡眠时间，对他们的学习和记忆能力都是大有裨益的。

另一项研究还揭示了一个更加关键的发现：睡眠和孩子们的学习能力紧密相连，而缺乏睡眠可能会对他们的学习能力造成长期且不可逆的伤害。研究人员让一些孩子连续五天每天只少睡两个小时，以模拟慢性睡眠不足的效果。结果显示，长时间的睡眠不足会使孩子们的记忆力和计算能力下降，比如学过的英语单词很快就忘记了，做数学题时总是因为粗心而出错。这些发现告诉我们，试图通过熬夜来提高学习成绩，实际上是得不偿失的。

2）多睡一会，学习更高效

既然睡眠在我们日常生活中扮演着重要的角色，那它究竟有什么作用呢？睡眠让我们的大脑有机会从一天的忙碌中恢复过来，帮助我们缓解疲劳，使我们得到充分的休息。但睡眠的奇妙之处远不止于此。在我们睡着的时候，大脑其实非常忙碌。它在进行一项至关重要的任务：记忆的巩固和提升。

进入深度睡眠后，我们的大脑暂时与外界隔绝，主要的感知通

道被关闭，但仍然保持着对环境的监测，以确保我们的安全。在这种状态下，大脑的某些部分，尤其是负责记忆的海马区域，会变得非常活跃。它们在夜间工作，把我们白天学到的知识从短期记忆转移到长期记忆中去，让这些记忆更加牢固。

在这里，我们还要提到一个科学上的术语——睡眠周期。一个完整的睡眠周期包括深睡眠和快速眼动睡眠（REM 睡眠）。深睡眠让你的身体得到休息，而 REM 睡眠对记忆和学习特别重要。这是因为在 REM 睡眠期间，大脑会重放白天的事件，帮助你巩固新学到的知识和技能。因此，如果你想要学得更快，记得更牢，就不要忽视了夜里的每一个睡眠周期。

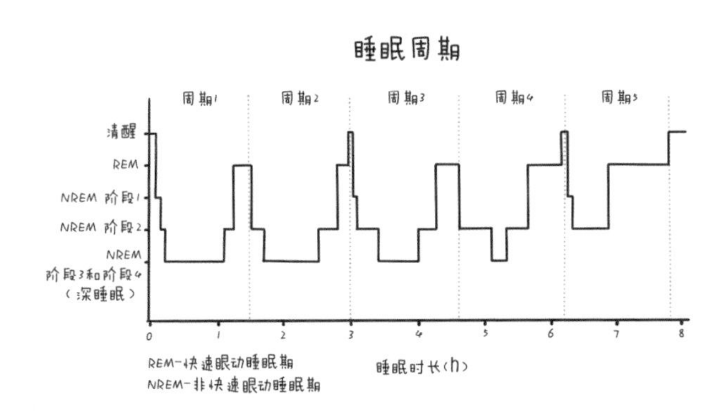

研究显示，缺乏睡眠不仅会影响我们的记忆力，还会降低我们在学习语言和解决计算问题时的能力。简而言之，睡眠质量不好会让我们的工作记忆表现得更差，这也是我们学习道路上的一个巨大障碍。

因此，睡觉不应被视为懒惰的表现。相反，充足的睡眠是提高学习效率的一种有效方法。它不仅让我们的身体得到休息，更重要的是，它让我们的大脑得以整理和存储新的知识和技能。

6. 记忆力差是缺乏营养吗?

想象一下,你走进厨房,忘记了自己本来想拿什么;或者是在超市里,面对货架发愣,忘记了要买些什么东西。这些小小的疏忽在我们的日常生活中并不罕见,但如果是我们的孩子在学习和生活中出现了类似的记忆问题,我们就会开始担忧:是不是我的孩子记忆力不好?背后的原因难道是营养不足?

在如今的社会,每位父母都希望自己的孩子能够健康成长。因此,了解营养与记忆力之间的关系显得尤为重要。

1)学龄前期和学龄期儿童的营养膳食指南

学龄前和学龄期是孩子成长的关键阶段,这个时期的营养直接关系到孩子的健康。《中国居民膳食营养素参考摄入量》为我们提供了一个宝贵的指南,建议学龄前儿童每天的总能量供给应为1 300～1 700 kcal。

为了确保孩子们获得均衡的营养,我们应该遵循一系列原则:确保食物种类丰富,以谷物为主食,积极摄入新鲜的蔬菜和水果,常吃适量的鱼、禽、蛋和瘦肉,每天保证摄入牛奶,经常食用大豆和豆制品,饮食清淡、少盐,选择健康的零食,减少高糖饮料的摄入,

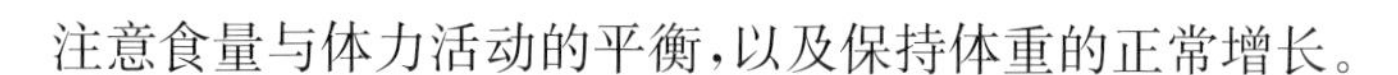

注意食量与体力活动的平衡，以及保持体重的正常增长。

除此之外，培养孩子养成不挑食、不偏食的良好饮食习惯，以及确保食物的清洁、卫生，这些都是至关重要的。然而，在实际操作中，要让学龄期的孩子做到这些似乎并不容易。孩子们通常有自己的喜好，挑食和偏食的行为十分常见。有的孩子可能对虾和其他海鲜类食品不感兴趣，不愿意尝试新的菜式，更倾向于甜食和面食。对于父母来说，这是一个挑战，尤其是当孩子的身高和体重只是勉强达到标准时，他们会担心这会不会影响到孩子未来成长的营养储备。

当面对孩子不愿尝试某种食物时，家长应该如何应对呢？

实践证明，孩子第一次吃某种食物时表现出不喜欢，并不意味着第五次尝试时还是不喜欢吃这种食物，这是因为口味可能会随着时间的推移而发生变化。孩子越是经常吃某种东西，就会变得越来越喜欢吃这种东西，对零食也是如此。因此，父母可以改变烹调方法——生的、蒸的、煮的、炒的胡萝卜的口味会不一样。保持耐心，孩子接受一种新食物，有时可能需要尝试 10 次。

2）营养不均衡对记忆力的影响

我们的大脑就像一座由无数细微的线路连接而成的精密城市，其中每一个记忆，无论是刚刚过去的事情还是儿时的回忆，都依赖于这些线路之间的顺畅交流。而这一切，都需要基本的营养物质作为支撑。根据神经科学家埃里克·坎德尔的研究，长期记忆的形成实质上是大脑中新的神经连接的建立，而这一切的基础，则来自我们饮食中的营养。

	良好的食物来源	促进吸收的因素	干扰吸收的因素
钙	奶及其制品、豆腐、虾皮、芝麻、海带	维生素D、乳糖、赖氨酸和精氨酸等小分子氨基酸、适宜的钙磷比	植酸、草酸、磷酸、膳食纤维、脂肪酸
铁	动物血、肝脏、瘦肉、鱼、海带、黑木耳、紫菜、菠菜、红枣	动物性食物中铁的吸收率更高；维生素C	植酸、草酸、磷酸、膳食纤维、茶（鞣酸）、咖啡
锌	贝类、动物肝脏、蘑菇、坚果类、豆类、瘦肉	氨基酸（赖氨酸、组氨酸、谷氨酸等）、乳糖	植酸、鞣酸、纤维素
碘	海产品、加碘盐，每周至少吃一次海产品		
维生素A	动物肝脏、奶、蛋、深色蔬菜（植物性食物中胡萝卜素需经转化才能变成维生素A）	动物性食物中的维生素A吸收率高；膳食脂肪	肠道寄生虫病、感染
维生素C	新鲜蔬菜、水果		
维生素D	90%是通过阳光照射后，由皮肤合成；少部分从饮食中摄入		
维生素B_1	动物内脏（肝、肾等）、肉类、豆类、花生及粮谷类、坚果		
维生素B_2	动物内脏（肝、肾等）、牛奶、乳酪、鸡蛋、肉类、菌藻类、绿叶蔬菜		

因此，如果我们想要拥有强健的记忆力，首先需要做到的就是营养摄入均衡。特别是对于正处在生长发育阶段的儿童和青少年来说，保持营养均衡尤为关键。然而，有两个常见的营养问题可能会阻碍他们记忆力的发展，这两个常见的营养问题是：①缺乏微量元素：一般来说微量元素，比如铁和锌，对大脑发育至关重要，缺乏这些元素可能会导致记忆力下降。因此，平时应注重营养的全面性，多吃蔬菜和水果，并适当补充铁和锌，同时保证充足的睡眠，以支持大脑的健康发育。②铅超标：铅是一种有害的重金属，其在体内积累会损害儿童的中枢神经系统，影响大脑发育，可能导致注意力分散、智力发育受限等问题。如果发现孩子体内铅含量超标，就需要立即采取措施进行排铅。

均衡的营养摄入不仅是身体健康的基石，更是记忆力良好的保障。家长们应该留意孩子的饮食习惯，确保他们从食物中获取足够的微量元素，同时避免环境因素导致的潜在铅暴露，以促进他们健康成长和智力发育。

3）膳食中提高记忆力的方法

如果把大脑比作一个需要高质量燃料的复杂引擎，那二十二碳六烯酸（DHA）就是大脑的超级燃料。它不仅是大脑结构的主要组成部分，占大脑中 Omega－3 脂肪酸的 97％，还是记忆和学习能力的关键支持者。

根据英国牛津大学的最新研究，血液中的长链 Omega－3 脂肪酸，特别是 DHA 的浓度越高，一个人的阅读能力和工作记忆就越强。这项研究为我们提供了一个重要的启示：对于那些每周鱼肉摄入次数少于两次的孩子，父母可以考虑使用非鱼类的 DHA 补充品和强化食品及饮品来填补营养不足。

早餐的选择对孩子们的大脑表现也有着深远的影响。研究表明，当儿童食用的早餐主要由混合性食物组成时，其在大脑工作能力和短时记忆方面的表现最佳。相比之下，早餐以动物性食物为主的孩子表现稍逊，而早餐主要吃植物性食物的孩子表现最差。这一发现强调了均衡摄取各种营养成分的重要性，尤其是在孩子们一天中最重要的一餐——早餐中更应该做到营养均衡。

由此可见，作为父母，选择富含 DHA 的食物和补充品，以及为孩子准备营养均衡的早餐，不仅能够维持他们的身体健康，更能够直接提升他们的学习能力和记忆力。通过简单的饮食调整，我们可以为孩子们的未来打下坚实的基础。

7. 怎样提高记忆力？

有一对双胞胎，小红和小绿，她们一起过着无忧无虑的童年生活，穿着一样的校服、背着一红一绿的书包，手拉着手走进教室。尽管是长相一样的双胞胎，但她们也渐渐有了变化。小红讨厌学习，对记忆知识丝毫不感兴趣，因为她总是记不住东西，她觉得反正自己总是看了就忘，那还不如别记了。而小绿呢？她总是保持着注意力集中，仿佛她拥有过目不忘的本领，能把看到过的东西都装进脑袋里，因而小绿非常热爱学习，她坚信自己拥有无与伦比的记忆力。是什么让她们的记忆力呈现天壤之别呢？

记忆力，是一种独特的心理行为，它贯穿于我们的一生。

影响记忆力的因素有很多，例如，先天的遗传因素，后天的身体条件，来自外部条件的干扰（如过剩的垃圾信息、不良的生活方式），或是源自内在的失衡（如精神压力过大、睡眠质量下降）等。

对于学龄期儿童来说，记忆力的强弱直接关系到学习效率的高低。下面就介绍几种提高记忆力的方法。

1）善于复习，克服遗忘

记忆与遗忘，本是一对相依相存的孪生兄弟，有记忆的产生，就会有遗忘的发生。遗忘本是一种不可避免的生理现象，谁都不可能记得住自己一辈子里遇到的每个人、每件事！遗忘本身并不可怕，及时的复习才能使学习的知识在脑海中刻下痕迹。脑科学中的“遗忘曲线”规律也告诉我们，记忆量会随着时间的推移而下降。简而言之，学习后的数小时内，遗忘速度最快，而24小时后残留的记忆只剩下30%。基于这个规律，间断性地反复回顾和复习，就可以有效地巩固记忆、避免知识遗忘。正如孔子所言：“学而时习之，不亦说乎？”

2）左右平衡，记忆翻倍

你有没有遇到过这样的场景：你遇到一位久别重逢的朋友，你对她的长相记忆犹新，却绞尽脑汁也想不起她的名字？！

诺贝尔奖得主罗杰·斯佩里曾提出著名的“左右脑理论”。左脑善于逻辑思维，对语言、数字等信息敏感；右脑善于图形思维，对

图像、模型等信息敏感。对于记忆来说，右脑进行的是高速记忆，右脑的记忆常常过目不忘；相对而言，左脑的记忆就成了劣势记忆。样貌，对我们的右脑而言就是一种图像记忆，它的记忆力远超过文字记忆（或者说名字记忆）的效力。

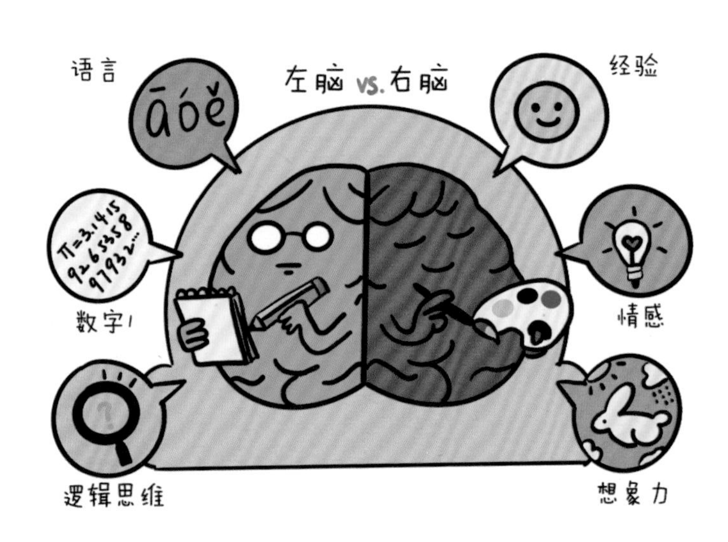

在学龄期儿童学习的过程中，应尽可能地将枯燥的文字图像化、形象化，这样有助于促进其记忆力的提升，使其获得高效的学习效率。由于大脑是通过视觉获取图片中图像的信息，因而学龄期儿童应当充分利用视觉刺激来捕获学习知识并对其进行长期存储。正所谓一幅优秀的插图，往往胜过千言万语。

3）保证睡眠，记忆恢复

高质量的睡眠能促进大脑发育、提高记忆力，这对于学龄期儿童的重要性是不言而喻的。睡眠不足，不仅仅导致学龄期儿童发育不健全、肥胖或情绪异常的发生，更会影响其在白天的学习效率、形成恶性循环。

此外，睡眠也是学习的重要环节，即便我们都进入了梦乡，我们的大脑也不会停止工作。梦是大脑中各种信息和记忆片段的整合；而学龄期儿童在梦境里，就会对学习的知识进行整合。当我们学习了新的知识，如果没能得到优质的睡眠，那么第二天醒来的时候，这些新知识也会很快从脑中消失。

我们也有人经历过一些奇妙的事情：对于曾经晦涩难懂的知识，经过一段时间后恍然大悟了；对于曾经一窍不通的题目，一觉醒来后忽然就“开窍”了！大脑这种不可思议的能力，叫作“记忆恢复”，即学过的知识沉睡于大脑中、更容易被利用的现象。这也是沉睡在梦境中，大脑对记忆信息不断巩固和整理的结果。所以说，定期复习、按时入睡，比考前熬夜、临时抱佛脚的学习效果要好得多！

4）培养兴趣，建立信心

某个男生，对心爱的足球队如数家珍；某个女生，对偶像唱的歌词倒背如流。这样的例子，我们身边是不是都不少见？只要是感兴趣的东西，似乎没有记不住的，更谈不上遗忘。

兴趣是什么？兴趣就是好奇心，就是我们对某种事物的热爱和追求。兴趣对于学习非常重要，它会帮助我们在学习的过程中更专注、更积极、更刻苦。如果我们始终觉得学习很无趣，那即使增加再多的复习次数，学习的效率可能依旧很低。

但光有兴趣也还是不够的，因为学习的过程是曲折和艰苦的，

总有意想不到的挫折，所以这时候就需要自信心的帮助。自信心，就是对自我能力的信任，并鼓励我们勇于尝试和敢于面对失败。

如何建立孩子的自信心？这需要家长和老师们的共同配合，善于发现孩子的优势，并积极为其提供机会发挥自身优势。

8. 如何使用记忆技巧学习新知识？

小绿从小就以父亲为榜样，立志做一名优秀的医生。

父亲告诉她："医学生是很辛苦的，需要背诵和记忆许许多多既复杂又陌生的医学名词，你需要一颗'超级大脑'！"

"那您又是怎么记忆这么多稀奇古怪的东西的呢？"小绿不解地问。

父亲呵呵一笑，说道："因为我们有口诀呀！'大小头状钩、舟月三角豆'，这句口诀里面藏进了 8 块腕骨；'一嗅二视三动眼，四滑五叉六外展，七面八听九舌咽，十迷十一副舌下全'，这句口诀包含了完整的十二对脑神经。"

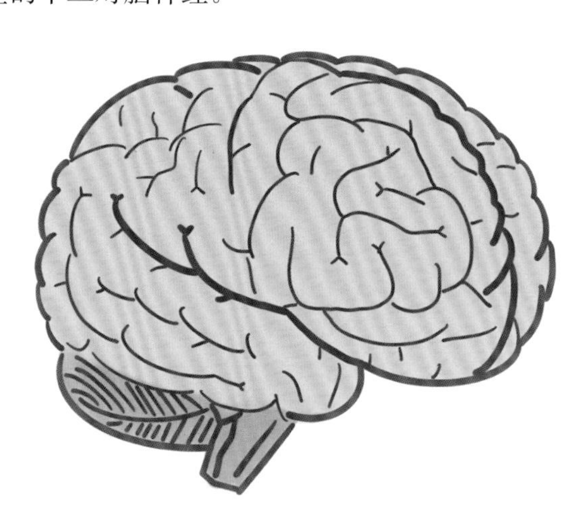

我们身边一定有过这样的同学，明明是初学的知识点，他们却总能在第一时间迅速地记忆和背诵下来。这难道是因为他们的天赋特别出众吗？有可能，但也未必。根据经验，不论天赋高低，只要合理利用记忆技巧，都会有助于改善记忆、强化学习。

1）口诀和“藏头诗”

像前面讲述的这个故事就是利用口诀帮助记忆的，另外，大家有没有听过这样一句话：“Men always remember love because of romance only”？凭借这句话每个单词的首字母，我们记住了一个单词“Marlboro”（万宝路）。

在面对一系列复杂又毫无联系的新信息时，我们常常利用速记的方式将它们联系在一起，从而创建出一个新的记忆单位，比如一句话、一个词。

2）冥想

“冥想”一词来源于瑜伽，意指控制心灵。而现在主要代表一种平静的状态，通过有意识的自我控制，达到一种“忘我”的状态。

众所周知，优质睡眠有助于提高记忆力水平。对于处于学习期的孩子而言，当有时难以保证有效的睡眠但又担心会影响上课的学习效率时，这时候，试一下冥想练习，也许会是一种不错的选择，有助于放松紧张的神经状态、放空脑海中的杂念，把游荡的思绪拉回到课堂里。

3）构建“记忆宫殿”

人类一直在寻找提高记忆力的方法，其历史最早可追溯到古希腊时期。当时的诗人们需要背诵大段大段的诗歌集，辩论家们需要朗读巨型篇幅的演讲稿，在没有纸张、没有提词器的年代，他们提出了著名的记忆工具——“记忆宫殿”。

首先，是想象一个自己熟悉的物理空间，比如家里的房子；然后，在“房子”里设置不同的位置点，比如厨房里的冰箱、客厅的餐桌、卧室的沙发；接着，就是把需要记忆的东西意象为图像，“放”进“房子”里，比如我们需要记住的是一份食品清单（包括饮料、水果、蔬菜），可将食品放置在“冰箱”里、“餐桌”上或者“沙发”上。“放置”的过程越生动、越离谱，其记忆效果就越好。

当我们需要提取记忆的时候，只需要“进入”我们的“房子”，所有的“食品清单”都会在“房子”里等着我们。简单来说，“记忆宫殿”就是利用心理意象来增强记忆的方法。

4）“莫扎特效应”

1993 年，两位美国的科学家提出了大胆的假设——音乐和空间推理能力这两者之间存在某种联系，并经过研究发现：听了莫扎特的音乐后，能让人变得聪明。

为什么一定要是莫扎特呢？为什么不能是肖邦或者贝多芬呢？学者们的解释是：莫扎特的音乐旋律优美、节奏稳定，符合人体内部特有的生理规律，能平衡左右大脑、激发正面情绪。今天，

“莫扎特效应”已不仅仅单指莫扎特的作品，还包含了那些与莫扎特作品具有相似作用的音乐。

尽管听音乐能让人变得聪明的论断过于武断，但轻松、愉悦的音乐，对缓解疲劳、平复情绪是有显著帮助的。

5）区块化处理

我们平时是如何记忆移动电话号码的呢？

是“×××-××××-××××”？是“×××-×××-×××××”？还是“××××-×××-××××”？应该没人会“×-×-×-×-×-×-×-×-×-×-×”这么死记硬背吧？这就是一种常见的分区块化。区块化处理就是在处理大量信息时，按照一定的规律，将其分解为几个相对独立的“块”或“模块”。

这种方法除了能用于对数字的记忆，还可以用于对其他信息的记忆。例如，将“IBMNBAWHOBMW”转变为“IBM-NBA-WHO-BMW”，信息从 12 个无序的字母变成了 4 组专有名词的缩写，大大降低了记忆的难度。

当然，如果能将复杂的信息做虚拟处理，形成故事化的情节，那就称得上是善于记忆的高手了。

青春期记忆

9. 青少年的记忆力有什么特点？

小玲，从小就是老师、家长嘴里的“乖孩子”。幼儿园的时候，不吵不闹、生活自理；小学的时候，安安静静、认真完成作业。可是，进入中学后，原本品学兼优的她，慢慢掉队了，新的学校、新的老师和同学、新的知识，都让她无法适应，她很想去努力地改善现况，却始终不得其法……

“人间最美是少年”，青少年时期，是人生最美好的阶段。

美国心理学家斯坦利·霍尔在 1904 年首次提出了“青春期”的概念，并将 12～25 岁定义为个体的青春期，在这样一个充满内外冲突的动荡时期，孕育了更为高级和完善的人类特征。1965 年，世界卫生组织将青少年的年龄跨度缩短至 10～20 岁，并认为青少年期受到种族、文化、宗教等背景因素的影响，其终点因人而异。

到了 21 世纪，世界卫生组织则正式将青少年期的年龄界定为 10～19 岁。儿童生来依赖性强，青年趋向于成熟、独立，而青少年则身处于不断成长的过程中。

因此，青少年的记忆力，在人生的各阶段具有独一无二的特质。

首先，青少年的记忆水平会达到人生的最佳时期。一方面，青少年智力的发展接近成人化，已经具备独立思考及分析问题的能

力；另一方面，快速的生长发育阶段，性激素水平的持续升高，以及大脑的快速发育，都为信息处理和学习新知识提供了保障。不论是声音、颜色、气味等对感官的物理刺激，还是图形、语言、思维方式的抽象内容，青少年都会展现出无与伦比的记忆能力。唐诗、宋词、数学公式、外文原著、化学元素……如此五花八门的知识，都会一股脑儿地被青少年的大脑储存进去。

其次，有目的的记忆占据主导。从婴幼儿期到学龄前期，我们的记忆方式往往是不自主的。我们看见的、听见的，都可以记下来，但如果深究其目的，记下来有何意义？对此却说不清楚。到了青少年期，记忆的动机会更加明确，主要是服务于学习，并伴随自身兴趣。将主要的记忆空间都留给知识的学习和积累，才能提高效率、完成学业。因此，我们往往对我们感兴趣的学科知识的细节会记得特别清晰，而对那些不感兴趣的学科知识往往印象模糊。

再次，突破机械记忆的局限。在日常生活中，我们对许多东西的记忆是依赖于机械记忆。比如电话号码、车牌、航班、家庭住址，通过简单的重复记忆，达到不遗忘的目的。这种记忆方式，是儿童时期直至青少年初期最主要的学习方法，我们往往并不理解书本中的真实意义，只是逐字逐句地死记硬背。随着年龄的增长，伴随着意志力的提高，以及自控能力和创造能力的增强，我们可以通过自己的努力，并借助一定的方法，去记忆学习中的各种知识，去应对更复杂的学业。比如数字、日期、人名、地点、历史事件，这些看似毫无联系的简单变量，我们可以将其联系成为一张错综复杂的记忆网络。在理解的基础上进行记忆，这既是大脑走向成熟的生理标准，更是自然人走向成熟的心理标志。

此外，抽象能力在记忆中得到广泛的运用。在孩童的眼中，对世间的一切都是充满了好奇，所谓的“看山是山、看水是水”，通过最简单的机械记忆获得最直接的形象记忆。随着年龄增长，步入校园、接触社会，慢慢进入了“看山不是山、看水不是水”的第二重境界。我们的抽象能力得到了前所未有的提升，我们接触了更多的概念、规则和原理，学会了判断和推演。将书本中烦琐的符号信息，转化为精简的逻辑化内容，也就是我们常说的抽象记忆。

正因为青少年的记忆力有了上述的特点，才让青少年具备了极强的可塑性，通过各种记忆训练的方法，从而获得最佳的记忆效果。

10. 注意力分散会影响记忆力吗？

小兰的妈妈被老师“请”来学校了！因为小兰最近上课时老是“开小差”，不是望着窗外发呆，就是低头打瞌睡。到底是为什么呢？原来，小兰是C罗的铁杆球迷，从不会落下C罗的每一场比赛。最近正赶上欧洲杯进行得如火如荼，小兰最近晚上就偷偷熬夜看球赛了。由于小兰在晚上没休息好，导致她白天对课堂知识的理解力和记忆力出现了下降，这可急坏了老师、愁死了家长，有什么办法能帮助小兰集中注意力呢？注意力分散会影响记忆力吗？

在当今的信息化时代，海量的信息纷纷涌入大脑，也分散着我们的注意力。然而，大脑的信息容量是有限的，当“花式”信息提前进入大脑的记忆过程，其他信息的记忆与存储必然会受影响；过多信息的侵入，更会占据课堂信息的记忆通道。注意力具备两个基本特征，即集中性和指向性。如果小兰在课内无法集中注意力，又或者把注意力用在足球比赛上，那就形成了“注意力分散”，俗称“分心”。注意力分散在一定程度上也影响着记忆力。

1）造成青少年注意力分散的原因有哪些？

青春期，是从童年向成年过渡的人生阶段。造成青少年分心的原因有很多，主要来自以下几方面。

首先，飞速发展的外部世界。

21 世纪是一个全球化、大数据的时代，无所不在的海量信息正全方位、不间断地冲击着我们。人们获取信息的速度可谓一日千里，方式也层出不穷。打开智能手机或电脑，多媒体软件、信息平台、短视频窗口等形形色色的社交媒体早已渗透了我们的日常生活。对青少年来说，节奏快速、情节紧张、内容劲爆的内容，会给他们带来视觉、听觉、触觉的立体化刺激，能让他们沉迷于兴奋之中。

青少年正处于生长发育阶段，一旦习惯了这样的刺激、这样的兴奋，回到学校后，面对环境单一、学习枯燥的校园生活，低水平的

刺激哪里还具有吸引力？注意力被分散也是难免的了。

其次，五彩斑斓的内心世界。

如果说 10 岁以前的孩童处在一个相对封闭的环境，衣食住行依赖于身边的至亲，那么青春期的少年们就开启了精彩的生活。他们会产生友情，也会萌生爱意；他们会追求独立、自由，也会抱伙成团。探索世界，畅想未来，经营着人际关系，处理情绪和情感的波动，这些都需要花费时间和精力。

我们常说，青春期是一个“杂念”纷飞的岁月。当青少年们有了不动摇的目标，才能集中注意力，才能排除“杂念”。而那些在青春期整日无所事事的人，则最容易被新奇的事物所吸引，呈现“三分钟热度”。学习本身可不是一件容易的事情，培养对学习的浓厚兴趣，才能使青少年将注意力集中在学业上，完成从校园走向社会的准备工作。

再次，睡眠不足，当代青少年不可忽视的现象。

青春期是人体生长发育最迅速的阶段之一，睡眠对促进大脑发育、提高记忆力的重要性不言而喻。

青少年每天的最佳睡眠时间应当保持在8～10小时，我国教育部也一贯重视中小学生的睡眠管理，要求小学生每天的睡眠时长为10小时，初中生每天的睡眠时长应达到9小时、高中生每天的睡眠时长不低于8小时。然而，在中国社科院发布的《中国睡眠研究报告2023》中却显示，全日制学生平均每天睡眠时长不足8小时。小学生每天的睡眠时长最长，随着年级的提升、学业负担的加重，孩子们的睡眠时间和质量就不得不被压缩。而互联网的普及、社交活动的推广，让青少年们也习惯了在夜间登录多媒体平台、使用社交软件。青少年们可怜的睡觉时间被一减再减，白天打瞌睡也就不可避免了，那他们在课堂上的注意力还怎么保证呢？一旦青少年正常的作息习惯被打乱，就会形成恶性循环。

2）避免青少年出现注意力分散的方法有哪些？

创造良好的环境。安静、整洁的学习、生活环境，能有效避免青少年对无关刺激的过多关注，是保证注意力集中的首选。如果有必要，可断开网络、屏蔽手机及其他电子产品。此外，舒缓轻扬的音乐，能帮助青少年有效放松情绪、快速进入最佳的学习状态。

制订有效的目标。静下心来，为自己规划一件“人生大事”，并将它拆分成若干个小目标，有步骤、有次序地去完成它们。为自己设立适当的奖惩措施，这既是一种自我犒劳，也是一种自我督促，专门用来对付拖延症和注意力不集中。

保证健康的生活习惯。坚持早睡早起，适当地进行运动，做到饮食均衡，都是有助于保持注意力集中最基本的生活习惯。充足的睡眠，能避免在课堂上打瞌睡；适当的户外运动，能有效平衡左、右大脑的工作强度，提高记忆力和学习效率；多吃水果、蔬菜和谷物，为提高注意力和记忆力提供营养支持。

11. 为什么良好的生活习惯对记忆很重要?

又到了临近考试的时节，小丽和小佳都各有各的烦恼。

小丽习惯了熬夜复习和临时抱佛脚，恨不得把一个小时变成120分钟，结果每晚复习到深更半夜，高强度的过度投入让她睡不着觉。

而小佳呢？一到备考期就会不自主地焦虑，整宿整宿的无法入睡。

有人也许会说："年纪轻轻，少睡一会儿，无伤大雅。"

但其实这样的行为是不正确的！

青少年时期，考试是每个学生必须经历的"修行"。要考试，就需要复习，就离不开对知识点的记忆。养成良好的生活习惯，是青少年提高记忆力最为重要的基础。要想养成良好的生活习惯，以下几点是非常关键的。

首先，保障合理的睡眠时间。

记忆的载体是人的大脑。在白天高速运转之下，大脑需要在夜晚得到适当的休息。而处在青春期的少年们，更需要用睡眠来保证大脑的休息。一般而言，学生在课堂上打瞌睡，就是睡眠不足最常见的表现。缺乏睡眠，会让其在认知、语言、创造等多方面的能力下降，长期熬夜的学生往往会出现成绩下降。早在十多年前，美国儿科学会就发表声明:青少年睡眠不足是一项严重的公共卫生问题,不仅危害他们的身体健康,也会对其学习成绩有显著影响。

小学生 每天睡眠时间应达到**10小时**

初中生 每天睡眠时间应达到 **9小时**

高中生 每天睡眠时间应达到 **8小时**

一般来说,青少年每天的最佳睡眠时间应当保持在 8～10 小时,我国教育部要求初中生每天的睡眠时间应达到 9 小时、高中生每天的睡眠时间应不低于 8 小时。

可能有人又会说:“既然晚上没睡够,那白天可以想办法补一下呀! 比如说,睡个午觉。”没错,午饭后容易出现疲劳感,午睡就相当于给大脑充个电,有助于养精蓄锐、提高下午的学习效率。建议午睡时间不宜过长,一般不超过半个小时,否则会影响人体的生物节律。

其次,严格控制作息时间。

正常人,每天早上 6:00 以后,体温上升、心跳加快、血压升高、激素分泌增加;整个上午精神饱满、兴奋,人体各项机能得到充分调动;午餐后,经过上午的兴奋期,精神出现倦怠感,精力下降;下午 15:00 以后,人的状态再次步入正轨,工作、学习能力得到恢复,可持续数小时;晚上 22:00 以后,体温开始下降,心跳减慢;深夜,进入睡眠期,人体处于休整状态,等待进入下一个高峰。这就是人体的生理节律,即“生物钟”。从白天到黑夜,每 24 小时一个循环,我们的饮食、睡眠、记忆都归因于生物钟的作用。

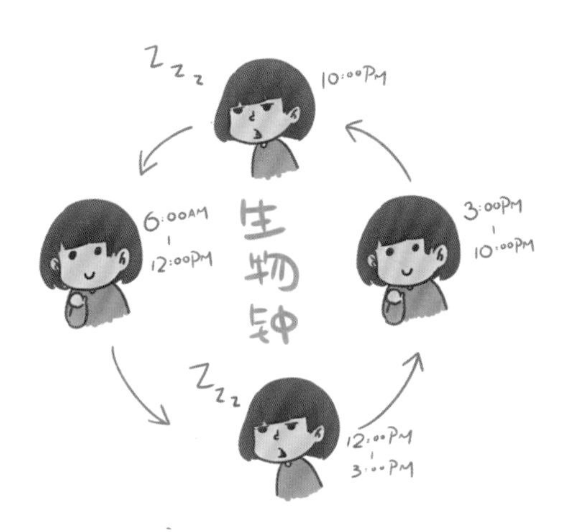

科学家的研究也告诉我们,每天有 4 个时间段被认为是最佳记忆时间:清晨六点起床、上午八九点、下午三点以后、晚上九点临睡前。青少年们把学习记忆集中在这些时间段内,势必会获得更高的学习效率。至于其他的日常活动,也不例外。几点起床?几点吃饭?几点睡觉?在正确的时间,做最合理的事情,才能保证生物钟的运作严丝合缝,才能最大化地发挥“最佳记忆时间”的功效。

如果我们错过了起床的时间,耽误了吃饭的时间,拖延了入睡的时间,那么身体的节律也就被打乱了。

处于青春期的学生们,特别喜欢在周末睡懒觉,补充平日里“拖欠”的睡眠时间。实际上这种“拆东墙补西墙”的方式,并不可取。白天过多的睡眠,会抑制大脑的生理活动,使人变得散漫、懒惰,对其自身的记忆力自然也就有所影响了。

再次，避免不良习惯干扰。

平时我们常说自己的记忆力不行，实际上是有着各种不良的习惯，影响了身体正常的作息规律。

(1) 缺乏锻炼：这恐怕是现代青少年的通病。没办法，谁让学业压力太大呢？可是，适当的体育锻炼，能大大提高大脑的供血、供氧储备。在学习的漫漫长路上，若不做长期的准备和打算，就不利于长期记忆的形成。

(2) 过度使用手机：手机已经成了21世纪不可或缺的生活工具。对于青少年而言，手机就是一把双刃剑。一方面，通过互联网，青少年能获得最新、最快、最全的信息，能缩短时空的距离；另一方面，泛滥的信息占据了青少年的大脑，过度的使用手机更是侵占了白天的学习时间和夜晚的睡眠时间。一个不分昼夜抱着手机的学生，哪儿还有心思把书读好？

(3) 不健康的饮食习惯：我们都知道"吃得好，才有抵抗力"这个道理。对于青少年来说，正常的饮食摄入是保证生长发育的根本。然而，在青少年中，也还是会发生因为赖床而来不及吃早饭的情况，或者因为挑剔而忽略午饭的情况，以及为了减肥而放弃晚饭的情况。那些"不吃饭"的理由，比比皆是。

人脑作为人体最高级、工作量最大的器官，对饮食的要求较高。富含不饱和脂肪酸的鱼类和坚果，富含微量元素的水果和蔬菜，都是增强记忆力的首选。可现实呢？奶茶、甜品、零食等垃圾食品都含有更多的饱和脂肪酸，诱惑正在一点一点地伤害我们的

身体。此外，尼古丁和酒精，都是对大脑有抑制作用的化学物质，对此类物质的摄入不仅仅会影响记忆的形成，还会干扰大脑的各项正常功能。而吸烟和喝酒等不良习惯，也会在青少年中出现。这种模仿成年人的青春期行为，会危害大脑的发育。总之，三餐定时、定量，不抽烟、不饮酒，保持体育锻炼，对维持大脑健康必不可少。

最后，也是最重要的，坚持不懈的毅力。

我们需要获得充足的睡眠、找到合适的生物钟周期、养成健康的生活习惯，而这些同样需要我们具备坚持不懈的毅力。每天按时起床、按时睡觉，当清晨醒来的那一刻，我们元气满满、精力充沛，我们的记忆力始终保持蓬勃的生命力，这就是坚持对我们最好的回馈。

“苟有恒，何必三更眠五更起；最无益，莫过一日曝十日寒。”这是明代学者胡居仁自勉的对联。我们在求学、成才的路上，要注重平日的积累，持之以恒，才会绽放自身的光芒！

12. 为什么记忆力减退的年轻人越来越多？

最近小王抱怨自己常常丢三落四，有时感觉大脑突然空白，觉得自己的记忆力还不如一条金鱼，可能连 7 秒都没有。有时他在上班路上准备听歌时才发现自己出门没带手机，一丁点儿内容也要花很多时间来记忆，准备好的工作内容说忘就忘。最夸张的一次是小王公司的电梯停电，需要走楼梯，他突然不小心在楼梯上跌倒了，嘴里抱怨的同时，下意识地用最快的速度站了起来，他环顾一下周围，幸好没人看到，他在心里窃喜的时候突然意识到一个问题：自己刚才到底是在上楼还是下楼？这些尴尬的场景在小王的

工作和生活中经常出现，他觉得自己年纪轻轻记忆力就减退了很多，不免有些担心自己的大脑是不是已经提前衰老了？

一般情况来说，抛开病理性因素，年轻人容易忘事、注意力缺失、学习能力弱，这些并不是记忆功能出现状况，而是记忆力本身的特质。例如，对于记忆“卡壳”的情形，一般人都会有体会，最熟悉的场景就是，你想起一个剧情，但片名在嘴边却怎么都想不起来。这种被阻碍的信息，是个人长期处于“心不在焉”的结果。无法集中精力做完整的一件事情，我们的记忆系统，在不停地被打断中越来越“弱小”。

很多年轻人经常调侃说，鱼的记忆都比自己的记忆时间长。打开书本后暂时记住了，合上又复述不全，短短一句话都能背得颠三倒四。那为何现在年轻人的大脑就越来越记不住东西呢？也有一部分原因，是与现代工作和生活获取信息的便捷有关。

首先，网络正在改变我们的记忆模式。现代人过于信赖互联网上的共享信息，导致人们对信息的回忆度慢慢减弱。想要的信息，通过互联网就能轻松获取，根本不需要劳神记忆，在潜意识里就会认为，就算记不住也没关系，反复查，或者临时查，也来得及。大脑毫不费力地工作，因而越来越松懈，记忆功能逐渐减弱，给我们造成记不住事的假象。

其次，记忆力减退也可能是因为我们使用它的方式出现了问题。现代科技发展迅速，我们时刻都会接触大量的碎片化信息，注意力被不断分割。比如，拿起手机想查资料，却看到未回复的信息，于是立马回复，接着又被新推送的文章吸引，打开看看，再翻翻朋友圈……就这样，不知不觉好几个小时过去了，可是，需要的资料还没有开始查。在工作中，会用大量的时间处理紧急且重要的

事情，当正常的工作节奏被不停地打断时，结果往往需要花费更多的时间切换到原点。

我们之所以会记住一件事，是因为大脑受到外界信号的刺激，会在大脑皮质留下痕迹，刺激越强烈，记忆就越牢固，反之亦然。心理学上有个著名的“门口效应”，就是当你经过某个门口的时候可能会瞬间忘记某些事情。因为你的注意力被干扰时，就会对原本所专注的事物产生遗忘。

还有一种情况也在让记忆力减退，就是同时做很多事情。我们以为同时做很多事，是能力的体现、效率的提升，其实不然。记住一件事，通常是要集中注意力才能实现的。如果在一件事上消耗太多的注意力，就很难同时集中注意力完成另外一件事情。同时推进多项进程，会导致更多无用信息的堆积，干扰大脑记住有用的信息。

当记忆力减退变得越来越年轻化时，我们大致会将责任归咎于当下所处的时代。然而，有一点是不可否认的，那就是个人的不良生活习惯也会减弱记忆力，例如熬夜等不规律的生活习惯。长期缺乏睡眠之人，与正常睡眠之人相比，记忆力的差别不只是一点点。睡眠，是对体能进行充电，也可让大脑对新的学习和记忆路径进行归整。大脑的有序工作，需要睡眠支持，长期睡眠不好的人，其记忆力也会受到影响。如果不想早早步入“记不住”的状态，请好好睡眠吧。

13. 真的有人会过目不忘吗？揭秘超级记忆者的天赋之谜！

在我们日常的学习和工作中，记忆力是一项非常重要的能力。小王的表弟最近在准备升学考试，看着面前成堆的考试资料，表弟这时候就特别想拥有一块动画片里的记忆面包，把课本每一页的知识点牢牢地记在脑子里，在考场上就能游刃有余。当然，记忆面包只存在于动画片里，但现实中却真的存在超级记忆者，他们有着超强的记忆天赋，拥有惊人的过目不忘的能力。接下来将带您了解超级记忆者的天赋之谜，揭示其中的科学机制，并分享一些我们普通人也可以借鉴的记忆技巧。

1）超级记忆者的过目不忘能力

超级记忆者通常是指在短时间内能够完美地记住大量信息的个体。他们可以在一次阅读或观察后，几乎不需要任何复习，就能长期保持记忆的清晰和准确。

2）科学解释：记忆与大脑的奥秘

超级记忆者的过目不忘能力并非超自然，而是与大脑的结构和功能密切相关。研究表明，这些超级记忆者可能拥有以下特点。

（1）海马的优势：海马是大脑中负责转短期记忆为长期记忆的关键区域。超级记忆者可能拥有更为发达和高效的海马，使得信息更快速地被转化和存储，这为他们提供了更广阔的记忆容量和更敏锐的感知能力。

（2）联想与编码：超级记忆者常常使用联想和编码的技巧来帮助记忆。通过将信息与已有的记忆连接在一起，形成有趣、生动的关联，能够更好地提高信息的记忆效果。这些技巧的运用不仅提高了记忆的效率，而且为信息的关联和提取提供了有力的支持。

（3）记忆网络：他们的大脑可能形成了更加强大和复杂的记忆网络，这意味着信息可以更全面地连接在一起，增强了对信息的存储和提取能力。

3）可供普通人借鉴的记忆技巧

虽然大多数人可能无法达到超级记忆者的记忆水平，但我们可以借鉴一些记忆技巧来提升自己的记忆力。

（1）重复记忆：多次重复学习材料可以帮助巩固记忆，形成长期记忆。

（2）归类整理：将信息分类整理，形成有层次的结构，便于记忆和回忆。

（3）创造联想：使用联想技巧，将新的信息与已有的记忆联系起来，形成记忆关联。

（4）制订学习计划：合理分配学习时间，避免长时间学习带来的枯燥感，合理安排学习内容，有助于提高记忆效率。

超级记忆者的过目不忘能力在一定程度上归因于大脑的结构和功能的特殊性。虽然普通人难以达到同样的记忆水平，但通过科学、有效的学习方法和记忆技巧，每个人都可以提高自己的记忆力。

14. 超级记忆“大作战”：揭秘提高记忆力的神奇秘籍！

小王准备通过在职读研提升自己，他一直一边工作一边准备考研，工作加班和复习的双重压力也时常令他感到焦虑。最近他觉得自己的注意力很难集中，白天上班时容易丢三落四，脑袋宕机，下班后复习的知识又容易忘记，这让他心里也越发烦躁。

那到底有什么方法能够提高记忆力呢？记忆力是我们日常生活和学习中至关重要的能力。无论是应对考试还是记住重要的信息，我们都可以通过一些简单的方法提升记忆力。接下来将介绍一些提升记忆力的技巧，帮助大家在学习和生活中取得更好的记忆表现。让你成为记忆界的超级英雄！快跟我一起进入这场提高记忆力的神奇之旅吧！

1）能量充沛，大脑嗨起来

让我们从最基础的开始，要想拥有强大的记忆力，首先要给大脑充足的能量。健康的生活方式对于记忆力的提升是至关重要的。就像超级英雄需要能量源一样，我们也需要健康的生活方式，保持充足的睡眠、均衡的饮食和定期的运动锻炼可以改善大脑功

能和记忆表现。

睡眠是对大脑进行记忆巩固和恢复的重要时期。在睡眠中，大脑可以加强对新知识的记忆，清除无用信息。因此，保持足够的睡眠时间对于提高记忆力非常重要。成人每天需要 7～8 小时的睡眠时间，而青少年和儿童则需要更长的睡眠时间。

健康的饮食习惯对于大脑功能和记忆力的提升也有很大的作用。日常饮食要选择富含抗氧化剂和 Omega－3 脂肪酸的食物，并适当补充维生素 B，例如深色的水果和蔬菜、鱼类、坚果等。维生素 B(如维生素 B_6、维生素 B_{12} 和叶酸)参与神经递质的合成和能量代谢，有助于维持神经系统的正常功能；抗氧化剂(如维生素 C、维生素 E 和多酚类化合物)有助于抵御自由基的损害，保护脑细胞免受氧化应激的损伤；Omega－3 脂肪酸是大脑结构和功能所需的重要组分。同时，要限制高脂肪和高糖分食物的摄入，这些食物可能会对记忆力产生负面影响。

适当的身体活动可以促进身体健康，同时也可以促进大脑健康和记忆力的提升。有研究表明，锻炼可以增加大脑神经元的数量和连接，从而改善记忆力。适宜的运动方式包括散步、慢跑、游泳、骑自行车等，每周应进行至少 150 分钟的中等强度运动。只有这样，我们的大脑才能嗨起来，记忆力也会跟着提升哦！此外，避免过度应激和焦虑也对记忆力有积极影响。

2）记忆宫殿，探索记忆世界

你是否想象过自己身处在一个神奇的宫殿里，里面存放着你要记住的各种信息？“记忆宫殿”是一种古老的记忆技巧，也常被

大家称为“地点定桩法”，在世界记忆锦标赛上也是选手们的必备绝招之一。

这种记忆方法的原理是利用大脑想象构建一个十分熟悉的空间地图(如在一个具有路径的房间或建筑内)，并将需要记忆的材料放置在路径的某个显著地标上，随后通过追溯路线来回忆，回忆之前被“存放”在各个地标上的信息。简单来说，就是将要记忆的信息与已知的场景或位置相关联。通过将信息与视觉图像联系起来，以此提高记忆的持久性和准确性。

当然，只有通过不断练习这种方法，才能了解“记忆宫殿”法的奥秘，并运用它成为记忆的高手。当你需要回忆时，只需在宫殿中穿行，就能轻松找回记忆的宝藏。

3）分组和分类，玩转记忆乐园

将信息分组和分类是提高记忆力的另一个有效策略，就像整理乐园中的游乐设施一样有趣。你可以将相关的信息放在一起，并使用有意义的标签，分类后的信息更方便人们进行联想，可以帮助大脑更好地组织和存储信息。

如果想要让分类后的信息真正帮助提高记忆力，就必须在分类时遵循同类相属、异类相别的原则，找准信息之间的联系和特征，并根据这些特征，将信息进行分类、分科、分种、分项。这种方法能够提高信息的编码和检索效率，使记忆乐园中的信息变得更加井然有序，这样你也就能迅速地找到需要的知识点。

4）多感官体验，全方位畅享记忆盛宴

利用多种感官来加强记忆也是一个绝妙的方法。通过结合视觉、听觉、触觉和嗅觉等多种感觉体验，可以刺激大脑的多个区域，从而提高记忆的质量和保持信息的持久性。想象一下，当你学习时，用彩色笔记、制作图表等方式，并和朋友互动学习，是不是觉得记忆变得更加生动、有趣了呢？我们的大脑喜欢多样性，给它一些多样性，它将会以更高的兴奋度回报你。因此，张开想象力的翅膀，用视觉、听觉、触觉和嗅觉等多种感官体验来畅享记忆盛宴吧！

5）重复与复习，记忆大师的关键训练

重复和复习是巩固记忆的关键。将学习内容分成小块，通过间隔式重复来反复复习，可以帮助巩固记忆。多遍的集中重复，对记忆的保持没有太大帮助，而将多遍重复分散到不同的时间段，就更有可能获得长期记忆。

你应该发现了，这有点像艾宾浩斯遗忘曲线里的间隔复习。没错，艾宾浩斯遗忘曲线传达的记忆方法就是间隔重复。我们要做的是通过合理的间隔重复获得记忆效率的提升，这才是目的。通过观察艾宾浩斯遗忘曲线的特点，我们可以发现遗忘速度是前快后慢的，这说明复习记忆的内容要及时，否则时间隔得太久，还需要重新记忆，不但浪费时间，而且效率低下。我们只有在理解艾宾浩斯遗忘曲线的基础上去使用间隔重复，才能在减少重复次数的情况下依然达到更好的记忆效果。

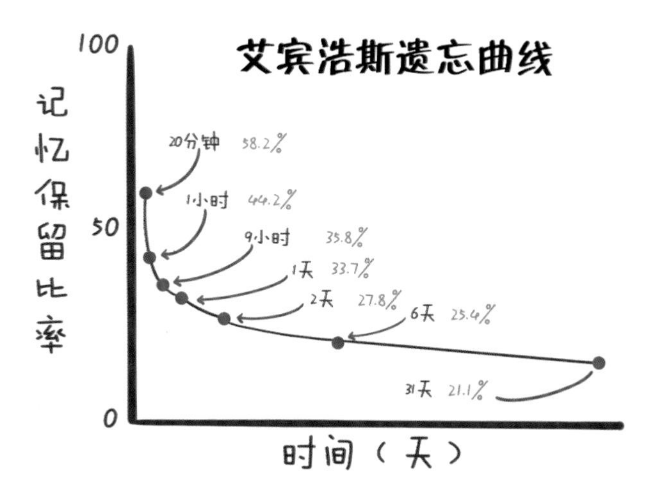

记忆力是可以通过训练和使用正确的技巧来提高的，而这些方法的丰富多样性使记忆过程变得有趣而有成就感。通过健康的生活方式、记忆宫殿的冒险、记忆乐园的探索及多感官体验等方法，像探险家一样，勇敢地探索记忆的奥秘，更好地开拓我们大脑的功能。

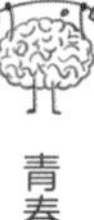

15. 年轻时候记忆力差，年纪大了会痴呆吗？

小王最近看到一则关于一名 19 岁的青年被确诊为阿尔茨海默病的报道，他想到自己的爷爷也是患有老年痴呆，又联想到之前自己常常丢三落四、记忆力下降，不禁开始担忧是不是自己老了以后也会得老年痴呆。

记忆力与老年痴呆一直以来都是备受关注的话题，以至于许多人在年轻时就开始怀疑自己记忆力不佳，担心最终会导致老年痴呆的发生。

1）记忆力差与老年痴呆的区别

记忆力差和老年痴呆是两个不同的概念。记忆力差通常是指在年轻时期或中年阶段，暂时性地出现记忆问题，但并不影响日常生活，可能是由于多种原因引起的，如生活方式、睡眠质量、压力、营养不良、抑郁等因素都可能影响记忆。这类原因引起的记忆力下降通常不伴有脑部的器质性变化，在改变生活方式后，记忆力会逐步恢复。而老年痴呆是一种进展性的神经退行性疾病，主要发生在65岁以上的人群中，主要表现为记忆力减退、认知能力下降及日常生活自理能力下降等症状，是不可逆的。

2）老年痴呆的成因

阿尔茨海默病，俗称老年痴呆症，发病机制复杂，尚不完全清楚，但遗传因素、神经原纤维缠结、淀粉样血管病变等都与老年痴呆症的发病有关。虽然年轻时的记忆力差不是阿尔茨海默病的直接原因，但是在一些遗传或基础风险较高的个体中，可能存在潜在的风险。

阿尔茨海默病发病年龄在65岁之前的属于早发性阿尔茨海默病，占所有阿尔茨海默病病例的5%～10%。随着现代检测手段和科学技术的进步，一些年轻的阿尔茨海默病患者只是被及时发现和检测出来了，但他们属于个案，不能据此就认为阿尔茨海默病的发病呈现年轻化趋势。一般来说，患者越年轻，携带突变基因的可能性越大，几乎所有发病年龄在30岁以前的阿尔茨海默病患

者都有病理性基因突变。在现有研究中，常见的基因突变包括早老素1(PSEN1)基因、早老素2(PSEN2)基因和淀粉样前体蛋白(APP)基因突变等，但并非所有的早发性阿尔茨海默病患者都会携带上述突变基因。

3) 预防老年痴呆的生活方式

我们年轻人也不必杯弓蛇影。若你担心自己或家人可能患有老年痴呆，建议及早咨询专业医生，尤其是神经科医生，进行全面评估和咨询。尤其是在身体健康、精力旺盛的情况下，出现辨识不清方向、记不住熟悉的人名、时间空间感觉混乱等症状时，应及时到医院做进一步检查。

此外，最重要的就是保持健康的生活方式，包括均衡饮食、规律作息、适度运动、社交互动和认知训练等，这些都有助于促进脑部健康和预防老年痴呆。

(1) 均衡饮食：保持均衡的饮食，多摄取富含抗氧化剂的食物，如水果、蔬菜和坚果。减少饱和脂肪和高糖食品的摄入，有利于心脑血管健康。

(2) 规律作息：保证充足的睡眠时间，养成规律的生活作息。多项研究发现了睡眠和β-淀粉样蛋白的关系，即睡得好就能减少大脑中β-淀粉样蛋白的含量，睡得不好就会增加大脑中β-淀粉样蛋白的含量。而当β-淀粉样蛋白在大脑中异常聚集时，会导致神经细胞损伤和死亡，这也是老年痴呆的典型病理特征之一。

(3) 适度运动：适度的体育锻炼对促进血液循环、降低血压和血脂、提高记忆力都有益处。可以选择散步、游泳、慢跑等有氧运

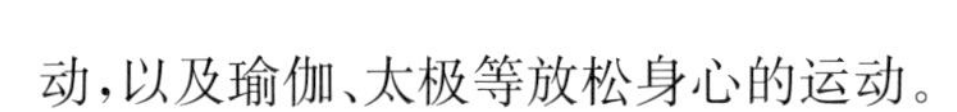

动，以及瑜伽、太极等放松身心的运动。

（4）社交互动：参加社区活动或者与家人、朋友保持密切联系，有助于预防抑郁，维持良好的心理状态。

（5）认知训练：保持大脑活跃，参加一些有益的有关认知的活动，如阅读、解谜游戏、学习新的技能等，有助于促进大脑神经元之间的连接和提高记忆力。

年轻时候记忆力差不等同于以后就会得老年痴呆，但保持良好的生活方式和注意预防是每个人都应该重视的事情。“管住嘴、迈开腿、勤动脑、多社交”，让我们和我们的家人一起关注大脑健康，增强健康生活意识。

成年期记忆

16. 中年人记忆力下降要警惕什么？

丁先生是个中年人，他总是很自信地认为自己的记忆力非常好，因为他可以轻而易举地记住各种电话号码、生日日期和重要的时间点。然而，最近丁先生开始发现自己有时会忘记钥匙放在哪，或者忘记朋友跟他说过的一些事情。他感到很困惑，甚至有点焦虑，他不明白为什么自己的记忆力会有所下降。这种情况是否也发生在你身上呢？

或许你也曾有过类似的经历，有时会感到自己的记忆力不如从前了。别担心，这是很正常的。随着我们年龄的增长，大脑会经历一些变化，这也会影响到我们的记忆力。但是，有些记忆力下降的情况可能需要引起我们的重视。

接下来，让我们一起来了解一下中年人记忆力的变化，以及需要警惕的一些情况。

1）记忆的分类及其与年龄的关系

我们首先需要了解大脑的一些变化，当我们步入中年期时，我们的大脑也会悄悄发生一些变化。大脑的容量每 10 年会以约 5％的速度减少。除了这些，神经元（神经细胞）的体积和代谢活动

也会减少。这些变化会让我们的记忆力有所下降，但这是正常现象，不必过分焦虑和恐惧。

我们的记忆可以分为不同类型，比如感觉记忆（瞬时记忆）、短期记忆、长期记忆等。

长期记忆又可以分为外显记忆（即对过去经验有意识的记忆过程）和内隐记忆（即对过去经验无意识的记忆过程）。了解这些记忆类型可以帮助我们更好地理解自己的记忆力变化。

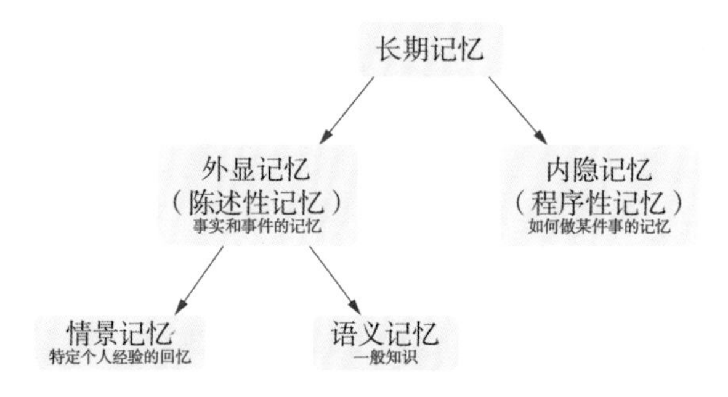

外显记忆即陈述性记忆，可以进一步分为语义记忆和情景记忆。语义记忆是长期记忆的一部分，它处理与个人经历无关的概念和想法，包括我们一生中学到的信息，比如不同颜色的名称、国家及其首都的名称等。而情景记忆是个人特有的记忆，包括对自己经历的回忆，比如上学的第一天或结婚的那天。

内隐记忆即程序性记忆，主要涉及学习如何做事的记忆，对于学习技能非常重要，比如学骑自行车。记忆通常在大脑的各个区域产生和储存，但有些区域与特定的记忆类型相关联。颞叶与感觉记忆有关，额叶与短期记忆和长期记忆有关。

具体来说，陈述性记忆主要依赖于颞叶内侧的结构，比如海马。非陈述性记忆则与纹状体、小脑和皮质关联区等大脑区域有关。

不同类型的记忆会受到年龄的影响。与语言/文字含义有关的记忆(比如阅读和理解信息的能力)通常会继续改善。操作记忆通常保持不变,比如游泳、骑车、弹琴等技能。受衰老影响最大的是情景记忆,即我们日常生活中的“什么”“何处”“何时”。情景记忆和长期记忆会随着时间的推移而有所下降,但每个人下降的程度不同。

2) 海马体功能下降

讲到记忆力衰退,就不得不提到大脑的一个重要结构——海马。海马在大脑的中部,距离鼻子末端比较近,是一个长得很像小海马的区域。海马在记忆的形成中起着非常重要的作用,负责快速学习和储存瞬间信息,类似于电脑的内存条。比如说,你现在在浏览本书中的文字信息,它们正储存在海马的神经元突触里。在接下来的几小时到几天中,通过脑电活动,这些知识就被分门别类地逐渐“刻入”大脑的新皮质中去,从而变成持续时间较长的长期记忆。但随着年龄增长,海马功能会有所下降,就像电脑使用时间久了,内存条就变得不太灵敏,故而人的记忆力也会随年龄增长而出现下降。

3) 额颞叶萎缩

在病理性衰老(如阿尔茨海默病)中,记忆障碍最初会影响短期记忆。然而,随着疾病的进展,将伴随陈述性记忆的丧失,也就

是情景记忆和语义记忆缺陷，这些与大脑的额颞叶萎缩相关。额颞叶变性是一组以选择性额叶和(或)颞叶萎缩为病理学特征，以进行性精神行为异常、执行功能障碍和语言功能损害为主要特征的痴呆综合征，也是早发性认知障碍的第二大常见病因。

额颞叶萎缩导致的记忆力减退通常开始于 40～65 岁，临床上将其分为以下三种类型：行为变异型额颞叶痴呆、语义变异型原发性进行性失语、非流利变异型原发性进行性失语。

因此，如果一个人在中年期逐渐出现性情改变，越来越像得了“精神病”，逐渐记性变得不好了；说话出现断断续续、连不成句，让别人理解起来很费劲；或者听不明白别人讲的话。出现这些情况时需要格外注意，可能是额颞叶萎缩所致。

一旦出现这些问题，首先要到医院进行系统的检查，完善头颅核磁共振检查，必要时进行功能性头颅核磁共振检查(头颅 PET-MR)，如果确定是出现额颞叶萎缩，需要找专科医生进行系统的诊治。

17. 当更年期遇上记忆力减退怎么办?

退休在即的李阿姨感觉自己的记忆力像过山车一样下滑,以前她记得同事的生日,现在转身就忘了自己要做什么事,这让她感到相当挫败。阿姨的女儿也觉得从前温柔、自信的妈妈,现在像换了个人似的,一件事要重复 N 遍才记得住,被别人反驳时容易发怒。李阿姨自嘲地说:“这更年期让我的脑子越来越不够用,脾气也越来越不好,估计以后要成为一个难缠的老太太了。”这句调侃的话背后隐藏的是李阿姨深深的担忧。

到了中年,女性将面临更年期带来的一系列问题,包括记忆力减退。据统计,约有 40%的绝经过渡期女性抱怨遗忘问题。她们抱怨不能像过去那样轻松记住别人的名字,而且发现当试图说出曾经记住的某事时,就在“舌尖上”,但信息检索却不成功。很多女性,尤其是有阿尔茨海默病家族史的人,担心这些记忆困难是早期痴呆症的信号。在这种情况下,应该告知这些女性:只有 5%～10%的阿尔茨海默病例是在 65 岁前发病,这样跟她们说或许会有帮助。但如果她伴随着日常功能下降,比如在熟悉的地方迷路、在谈话中经常重复自己的话,请让她去神经科医生那里进行检查和评估。

很多人都会问,为什么更年期会导致记忆力减退呢?只有知

道这个问题的答案，才能更好地应对更年期相关的记忆问题。

其实更年期的记忆力减退与体内的雄激素或雌激素等性激素水平有关。通过不同性别间的记忆力差异，我们可以了解到性激素对记忆力的影响。例如，一般情况下，女性的言语记忆能力要比男性更强，更擅长从口语列表中回忆和联想单词。这是因为女性的性激素在防止衰老过程中的记忆力下降方面具有神经保护作用，这表明性激素在认知中扮演着重要角色。性激素影响衰老和精神障碍的发生、进展和严重程度。

特别是雌激素，它在维护大脑功能方面可是个重要角色，一旦减少，记忆力就像断了线的风筝，飘飘荡荡。雌激素作用于脑雌激素受体（ER）α 和 β，控制学习和记忆中关键的大脑区域（如海马）的基因表达，同时刺激星形胶质细胞，促进创伤性脑损伤后的神经再生。此外，雌激素还能减少更年期的氧化应激、炎症和神经元损失。

因此，激素替代疗法对于缓解更年期相关的记忆力减退至关重要。当出现阵发性潮热、潮红、出汗、注意力不集中、记忆减退、情绪波动大、月经紊乱等症状时，要考虑到医院进行相应的检查。

如果通过检查确定为更年期，并伴有记忆力减退，该怎么办呢？

首先，别慌张。这并不是世界末日，更不是宿命，而是身体正在告诉你一些重要的事情，我们可以采取一些轻松、实用的方法来提高记忆力。好好审视自己的生活方式，我们的饮食、睡眠、运动情况等都会影响激素水平。

先从睡眠和饮食说起，养成良好的睡眠习惯，睡前别玩电脑、

手机。合理饮食也是关键，戒掉过量咖啡因和烈性酒精，进食全谷物，以及足量的蔬菜、水果，每周吃两次鱼，饮食要注意控糖、少油、少盐。记得每天要多喝水，大概 1 500～1 700 毫升。

其次是要注意运动，每周规律运动 3～5 次，总计时间不少于 150 分钟，可进行抗阻运动，保持肌肉量和肌力。同时也别忘了社交，多参与社交活动，提升认知能力，保持心情愉悦，有助于延缓衰老。

最后，别忘了定期体检。每年至少体检一次，检查一下身体状况，防患于未然。

由此可见，当更年期记忆力减退“找上门”时，我们可不是束手

无策。通过调整生活方式,可以让记忆力重新找到"家"。记住,延缓记忆力减退的关键在于从细节入手,慢慢调整,别着急,一切都会慢慢变好的。

18. “坏情绪”如何偷走你的记忆力?

老丁，一位即将迈入 50 岁门槛的公司业务主管，最近承受着巨大的压力。工作业绩、儿子高考和家中 4 位老人的照料任务，压得他和妻子喘不过气来。有一段时间，老丁觉得自己仿佛变得麻木了，头脑迟钝，注意力涣散。

情绪对记忆力的影响一直备受心理学、脑科学等领域研究人员的关注。研究表明，情绪有时能促进记忆，但有时也会妨碍记忆。那么，为什么中年人常出现“记忆力下降”的现象呢？其实，很大一部分原因是负面情绪（如焦虑、抑郁等）在作祟。

首先，记忆并不是一个简单的过程，而是涉及大脑多个区域和神经途径的复杂活动。简而言之，记忆包括了三个主要阶段：编码（将信息存储到大脑中）、存储（在大脑中保存信息）、检索（回忆并使用存储的信息）。这三个阶段需要良好的神经功能和大脑活动。

在焦虑、紧张或者情绪低落的时候，脑袋里的东西就像是被吹散了一样，记忆力变得一团糟。这并不罕见，实际上，情绪和记忆力之间有着密切的联系。那么，当我们情绪低落或焦虑时，到底发生了什么？情绪是如何影响我们的记忆力的？

试想一下你是一名老师，在接受教学评估时，虽然大多数学生对你的表现给予了肯定，但也有少数人认为你的教学方式乏味。现在你想象一下，你因为这些负面评价，自我反省了几天，开始怀疑自己的专业能力。这些消极的想法不断在脑海中打转，导致了"坏情绪"的产生。

大脑对这些不愉快或威胁性信息极为敏感，可能会形成超负荷的负面记忆，让我们进入消极的状态。但如果我们能够忘记这些批评，那么我们的自信和情绪可能就不会受到不利影响，而是会更专注于积极的评价。通常来说，经常选择性地忘记负面经历可能会促进心理健康。

但如果我们无法从负面事件中解脱出来，长时间持续出现焦虑、紧张、抑郁等情绪，就会给大脑带来压力。这种压力会对大脑产生不良影响，不断破坏与记忆有关的脑区，悄悄夺走我们的记忆。

从神经科学的角度来看，我们的大脑就像一个超级复杂的网络，由许多神经元组成。这些神经元通过电化学信号传递信息，构成各种神经回路和连接。当我们出现情绪波动时，这些神经回路会发生变化。

当我们情绪低落或焦虑时，大脑中的化学物质，如皮质醇（一种应激激素）和肾上腺素（一种激素），会呈现异常的水平。这些化学物质对大脑的影响可以改变我们的认知和情感状态，从而影响到记忆的各个阶段。

让我们从编码阶段开始说起。在情绪低落或焦虑状态下，大脑更倾向于关注负面的事物，从而忽视或减弱对正面信息的处理。这意味着，当我们处于不良情绪状态时，大脑可能无法有效地将信息编码并存储起来，导致记忆的形成受到影响。

此外，负面情绪也会干扰记忆的存储过程。在这种状态下，大脑中的神经元活动可能会受到干扰，阻碍信息的稳定存储。结果我们可能会发现自己无法回忆起以前轻松记住的事情，或者记忆内容变得模糊不清。

大脑中负责记忆的主要区域位于颞叶内侧的海马。海马对大脑至关重要，它存储日常记忆、感知空间和方向，也有助于改善记忆和情绪调节。皮质醇的超负荷状态可能会导致海马受损。因此，身体的非稳态超负荷会使海马成为受损的主要目标。海马的皮质醇可以与两种受体结合，分别是 MR（盐皮质激素受体）和 GR（糖皮质激素受体），这种结合最终会影响个体的学习和记忆功能，甚至可能会导致个体出现一些行为改变。

最后，让我们来看看检索阶段。在不良情绪状态下，大脑的认知资源可能会被转移或分散，导致我们难以有效地回想起存储的信息。这就好像是你知道自己存储了某个东西，但在需要的时候却找不到它一样。

因此，我们需要更加关注自己的情绪状态，学会正确处理生活中的压力。只有在积极的情绪状态下，我们的记忆力才能够更好地发挥作用。

希望看到这里的你对“坏情绪”如何影响记忆力有了更清晰的认识。让我们一起努力，让记忆力成为生活中的得力助手，而不是被“坏情绪”偷走的宝藏。

19. 如何通过“吃”延缓记忆力减退？

老李最近连续加班压力大，觉得自己总是丢三落四，有一次差点弄丢了会议材料。他在网上跟风买了益脑保健品，想着给自己补补脑。但是老李的家人却说，吃保健品是交智商税，不如食补。那到底怎样吃才能真正地延缓记忆力减退呢？

除了前面提到的那么多与记忆力减退相关的因素以外，饮食习惯也同样影响着我们的记忆力。饮食不仅是维持生命的必需品，而且在大脑正常运转中也发挥着十分重要的作用。

营养学家维克多·林德拉尔曾说过这样一句话：你吃的食物决定了你是谁。

摄入长链 Omega－3 脂肪酸有助于改善我们的记忆力，此类脂肪酸是人体不可缺少的重要脂肪酸，一般不能在我们体内合成，必须从食物中获得。例如：二十碳五烯酸(EPA)、二十二碳六烯酸(DHA)。Omega－3 脂肪酸主要存在于鱼油和一些植物油中，比如说，走进超市，你会看到标有“富含 Omega－3”字样的鱼油软胶囊，还有各种坚果、种子油，它们都是 Omega－3 的好来源。

这些神奇的脂肪酸能帮助我们的大脑保持活力，让我们的学习和记忆能力保持在最佳状态。

我们知道 EPA 和 DHA 在人体中可以促进脑细胞的形成和

发育，对胎儿和婴幼儿的智力和脑部发育具有重要作用，尤其影响其今后的学习和记忆能力。而且EPA和DHA属于不饱和脂肪酸，不仅能够提高人体细胞对胰岛素的敏感性，还有助于提高大脑的活力，对于中老年人预防阿尔茨海默病和记忆功能减退有一定的帮助。

那么哪些食物中富含这些长链Omega-3脂肪酸呢？比如我们平时食用的新鲜鱼类、菜籽油、大豆油、马齿苋、杏仁和核桃等食物，都可以为我们提供此类必需脂肪酸，延缓我们记忆力的减退。

此外，膳食中的谷物、蔬菜、水果、橄榄油和饮料（茶和咖啡等）富含一种多酚类物质——类黄酮，具有很强的抗氧化活性和抗炎活性，对脑血管起到积极的保护作用。而且还可以调节大脑负责记忆功能的脑区（海马）中Tau蛋白过度磷酸化和β-淀粉样蛋白聚集，从而延缓我们记忆力的减退。

根据膳食中类黄酮的化学结构，可将其分为5类：黄酮醇、黄酮、黄烷酮、花青素和异黄酮。黄酮醇（主要包括槲皮素、杨梅素）存在于西兰花、西红柿、洋葱、羽衣甘蓝、芹菜、葡萄和苹果中；木犀草素和芹菜素等黄酮可以在芹菜、辣椒和百里香中找到；黄烷酮（包括柚皮素、橙皮素）存在于葡萄柚、橙子、柠檬、柑橘等水果中；颜色鲜艳的花青素出现在草莓、覆盆子、蓝莓、黑加仑、樱桃、石榴和红洋葱中；异黄酮则存在于大豆和豆腐中。因此，食用这些富含类黄酮的多酚类食物有助于我们记忆力的改善。

维生素对我们大脑同样有着保护作用，适当地补充维生素E、维生素D、B族维生素能够延缓记忆力减退。

维生素E主要是一种抗氧化剂，保护我们的大脑不受自由基的伤害。其饮食来源主要来自植物油，尤其是橄榄油、小麦胚芽油、红花油和葵花籽油。其次，从坚果、鳄梨、猕猴桃、大西洋鲑鱼和鳟鱼中也可获取维生素 E。

维生素 D 对维持钙、磷和骨骼的稳态至关重要，不仅能保护缺血性脑损伤，还能预防与年龄相关的记忆力减退和阿尔茨海默病。多晒晒太阳，享受自然的馈赠，是获取维生素 D 最好的方式。当然，如果在冬天晒太阳少了怎么办？一些富含维生素 D 的食物，比如鲑鱼、牛奶，也是不错的选择。

B 族维生素中的叶酸、维生素 B_6、维生素 B_{12} 能减缓脑萎缩和记忆力下降的速度，有预防阿尔茨海默病的作用。纯素食主义者更要注重补充 B 族维生素。

近年来的研究还发现了一个有趣的事实：你的肠道里住着一群有影响力的小伙伴——肠道菌群。它们和我们的大脑记忆力有着密不可分的联系。因此，补充酸奶和乳酸菌能给我们提供益生菌，帮助人体调节肠道菌群，对减缓记忆力的下降也有着一定的作用。

最后还需要注意的是，饮食的多样性是关键。鱼类、水果、蔬菜、谷物，还有那些富含多酚类的食物，都是我们大脑的“好朋友”。所以，下次在超市挑选食材时，不妨多想想它们对我们大脑的好处，让我们一起吃出健康的身体和敏锐的大脑吧！

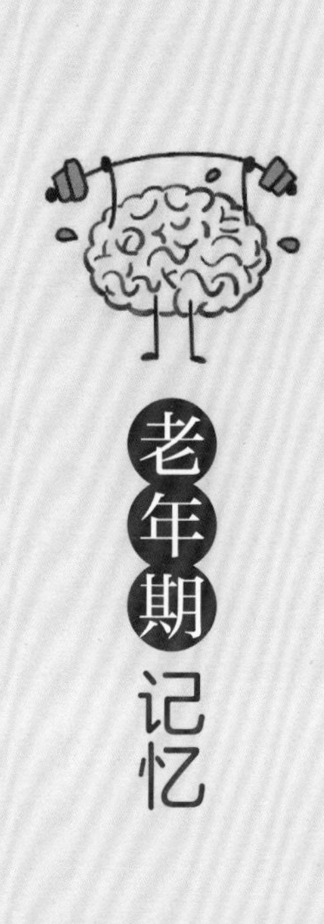

老年期记忆

20. 为什么脑卒中后常常“失忆”？

王大爷自从退休以后，每天早、晚都喜欢去小区花园里散步，和老朋友唠嗑，看看别人打麻将、下象棋。有一天，他像往常一样在和朋友下着象棋，不知什么原因突然间讲话就不利索了，拿棋的右手也没了力气。这是因为王大爷突然遭遇了脑卒中，也就是我们常说的“脑梗”。好在他被及时送到了医院，并迅速接受了治疗，恢复得相当不错。但他发现，自己的记忆力大不如前了，这让他感到既困惑又焦虑。

大家对“脑卒中”这三个字不会太陌生。从本质上讲，脑卒中是脑血管病变所致脑部血液循环障碍，从而引起的急性神经功能缺损综合征，主要包括缺血性脑卒中（即脑梗死）和出血性脑卒中（包括脑出血、蛛网膜下腔出血等）。

在我国，脑卒中其实是最主要的致残病因，会使大脑出现记忆力减退，甚者可导致学习、语言、思维、精神、情感等一系列认知障碍。

现在，让我们深入了解一下，为什么脑卒中会影响记忆力？这是因为脑卒中通常会损害我们的情景记忆，而保留远期记忆。这意味着，王大爷可能还记得他年轻时的事情，但是他可能忘记了早上吃了什么早餐。

相关研究显示，发生脑卒中后3个月内出现记忆损伤的比例为23%～55%，在发病一年后仍然有11%～31%的人存在记忆障碍。这表明记忆损伤是脑卒中一个非常普遍的后遗症，对患者的生活质量影响极大。

脑卒中影响记忆的机理是多方面的。一方面，脑组织的直接损伤，如脑白质变性，会破坏大脑的结构和功能；另一方面，脑卒中后的炎症、血管损伤和神经轴突损伤等级联反应也会干扰记忆功能。

关于脑卒中后改善记忆功能的方法，其实就像锻炼身体可以帮助改善脑卒中后的肢体功能一样，通过一系列康复措施，包括认知训练和日常生活技能训练，也可以逐步改善受损的记忆功能。这就像是给大脑做体操，通过不断的练习和刺激，激发大脑的潜力，促进受损神经元的修复或重新配置大脑的神经网络，从而适应新的记忆形式。

现在，让我们通过一个例子来理解记忆是如何工作的。想象一下你每天早上常做的事：起床、刷牙、吃早餐。这一系列动作看似简单，实际上是你大脑记忆功能的杰作。你之所以能够不假思索地完成这些动作，是因为你的大脑已经将它们编码成了一种习惯记忆，这种记忆使得复杂的行为序列可以自动化进行，几乎不需要意识的参与。

然而，当我们试图记住一串数字或一个新朋友的名字时，情况就完全不同了。这需要我们的工作记忆和长期记忆协同作战，通过反复练习和关联记忆的方式，将这些信息从短暂的工作记忆转移到长期记忆库中。例如，通过把新朋友的名字和你已知的某个人或物品联系起来，你就更容易记住它。记忆不仅仅是对过去经历的简单存储，它是一种极其复杂的认知过程，涉及信息的编码、存储和提取。我们的每一个记忆，都是大脑奇妙工作的体现。

让我们回到王大爷的故事，尽管他在脑卒中后遇到了记忆障碍，但通过持续的康复训练和家人的支持，王大爷的记忆功能有了明显的改善。他开始尝试使用记忆笔记本记录每天的事情，同时也使用手机提醒功能来帮助他记忆重要的事项。通过这些方法，王大爷不仅重拾了对生活的信心，也逐渐找回了记忆中的片段。

脑卒中后记忆功能减退的程度取决于年龄、脑卒中的严重程度、脑卒中发生的地点，以及家人和朋友的支持程度。当我们深入了解了脑卒中影响记忆功能的原因，才能更好地通过一些康复措施帮助脑卒中患者改善记忆功能，就像锻炼肌肉可以帮助改善脑卒中后的肢体活动能力一样，锻炼大脑也是脑卒中康复的重要组成部分。

21. 脑卒中后怎样提高记忆力?

王大爷了解了自己脑卒中后记忆力下降的原因后,他的焦虑与不安的心情缓解了许多,他开始主动去搜索提高记忆力的方法。有一天,他兴冲冲地带回家一堆神奇的保健品,声称这些保健品能让大脑“吃饱喝足”、记忆力直线上升。他还计划第二天跟张大爷一起在公园进行一番颇有“特色”的锻炼——敲头碰背,据说这能让头脑更灵光。王大爷的孙子却觉得这些办法听起来有点玄乎,于是第二天就陪着他去医院的记忆门诊咨询,询问有哪些康复训练方法能科学、有效地提高记忆功能。

前面我们提到脑卒中后会产生记忆障碍,会给日常生活带来很多麻烦,这在很大程度上影响了脑卒中患者在日常生活中的功能独立。但是请不要灰心,若找到合适的康复训练方法,记忆功能还是可以得到改善的。

你知道吗?我们的大脑其实是有自愈能力的,这就是所谓的“神经可塑性”。

当脑卒中引起神经受损后,受影响的技能完全可以通过各种方式的再学习或者重新学习获得。要激活这种神经可塑性,关键在于大量、高频率的练习,让大脑适应并高效运转。就好比小时候我们学骑自行车、写字一样,不就是通过一遍又一遍的练习,最终轻车熟路了吗？这正是神经可塑性的魅力所在。

记忆功能的恢复，自然也是依赖于神经可塑性。当然，作为系统性康复的一部分，记忆的康复时常与其他认知康复同步进行，比如注意力训练、执行功能训练等。在此基础上，我们来看看脑卒中患者在记忆方面可以进行哪些具体的康复训练。

第一种方法：练习“健身房”——恢复性方法。

Peak智客
适合更聪明头脑的更好的游戏

Elevate-Brain Training
Elevate Labs

Memorado—大脑训练&冥想游戏，提升记忆力与正念

这种方法的核心理念就是：即使大脑受损，我们也能通过锻炼让剩余的神经元建立新的连接，其目标是将记忆提高到与病前功能相似的水平。恢复性方法是以重复练习为中心，把大脑当作一块“精神肌肉”，在受损时可以通过锻炼得到加强，通过重塑我们的神经网络来改善记忆。一般死记硬背方式和视觉意象助记器都属于恢复性方法。

可以通过记忆任务或记忆类游戏训练来提高记忆力，这些训练都是一些小游戏，例如：卡片游戏、配对游戏等。随着科学技术的发展，可以在手机或者电脑上通过这些小游戏进行训练，例如：Peak，Fit Brains Trainer，Elevate，Memorado 等。

第二种方法：实用知识课——知识获取的方法。

这种方法深入我们的日常生活中，着重于记忆与我们生活息息相关的具体信息。比如说，记下医院里那位经常微笑的护士的名字，或者是如何分步骤地做好一项家务活。想象一下，你在厨房里忙碌，一边记住哪些调料已经加了，哪些调料还没加，这不就是一种生活中的记忆训练吗？

还有种方法叫作“消失线索法”，就是给你足够的提示去回忆一个信息，然后逐步减少这些提示。比如，在记忆一个单词时，一开始可能给你全拼，之后每次减掉一个字母，直到你能不看提示完全记住这个单词。这就像是我们小时候学习写字的过程，一开始需要看着字帖，后来即使不看字帖，我们也能写出那个字。

再来说说“间隔检索法”，它是指记忆的信息会以越来越长的间隔重复出现。如果你记错了，就立即纠正，给出正确的信息。这有点像是我们学习骑自行车，一开始可能需要父母的手扶着，后来我们可以自己骑得越来越远。万一出错了，父母就在旁边及时纠正，然后我们再试，直到我们可以自由地骑行。

第三种方法：生活技能包——代偿性方法。

代偿性方法是使用替代方法和工具来减少日常生活中记忆问题所带来的不良影响，提高生活管理能力，而不期望改善记忆功能。简单来说，这种方法就是提供一些“捷径”，而这些捷径不仅对记忆障碍患者有用，对我们健康群体也是非常有用的。代偿方法包括内部记忆辅助和外部记忆辅助。内部记忆辅助更适合轻度记忆障碍患者，而外部记忆辅助可能更适合中度至重度记忆障碍患者。

内部记忆辅助包括分块、押韵、可视化、首字母记忆法和链接记忆法。例如，教轻度记忆障碍患者记住一个假期或换一个灯泡的口头信息时，快速生成图像，然后给他们看一些物体或动作的视频，并与它们进行不同程度的链接（从在脑海中记住图像到画出图像）。

外部记忆辅助包括给门或房子里的物品贴上标签，使用箭头指示方向，以及有目的地将物品放置在特定位置等方法。外部记

忆辅助可以借助包括笔记本、日历、个人数字助理、提醒约会或服药的移动电话等工具。

第四种方法：支持关怀——整体方法。

最后，这种方法着眼于构建一个支持性的社区环境，通过教育、心理治疗和家庭参与等手段，全面解决记忆问题及减少记忆问题带来的不良影响。就像是在一个充满爱的大家庭中，每个人都互相支持，共同努力克服困难，最终达成目标。

22. 我们的大脑是如何老去的？

我们的大脑正在慢慢老去，这是个不争的事实。最近，老刘发现自己越来越健忘。有时候会搞错重要的约会日期，有时会忘记自己把钥匙放哪了，甚至有时兴冲冲地走进一个房间，却完全记不起自己究竟是为了啥。老刘很想知道为什么会这样。其实，随着岁月的流逝，我们身体的各个部位都在不知不觉地老化，这当然包括我们的大脑。

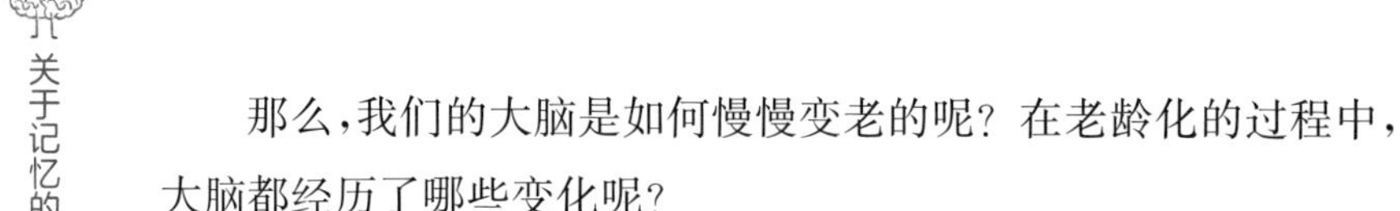

那么，我们的大脑是如何慢慢变老的呢？在老龄化的过程中，大脑都经历了哪些变化呢？

首先，大脑的结构发生了一些变化。某些部位会缩小，尤其是对学习和其他复杂心理活动至关重要的区域。“脑白质”和“脑灰质”这两个神秘的结构，它们的体积会变小；而大脑的脑沟则增宽。还有一个叫“海马”的结构，对我们的记忆力很关键，但在50～90岁时，它会悄悄地缩小。

我们都知道，大脑的各种功能需要神经元互相合作，而神经元之间则通过树突和突触传递信息。然而，随着年龄的增长，大脑中的神经元可能会逐渐减少，这可能和神经元的凋亡及新神经元生成减少有关。在某些区域，神经元之间的沟通可能也会变得不那么顺畅。与此同时，随着大脑老化，树突也在收缩，它们的分支变得简单，脑细胞之间的连接或突触数量也会减少。这些变化都会对我们的学习、记忆功能等产生影响。

随着年龄的增长，大脑中化学物质的变化也不可避免。老化的大脑可能会产生更少的化学信使，比如大脑合成的多巴胺减少。多巴胺不仅能让我们感到快乐，还对认知功能有一定的促进作用。神经递质是大脑中的化学物质，负责神经元之间的信息传递。神经递质的合成、释放和再摄取可能也会发生变化，影响神经递质系统的功能，进而影响我们的注意力、学习、记忆等认知功能。同时，大脑血流量和氧供可能会减少。这对大脑功能是不利的，因为大脑需要足够的血液和氧气来支持正常的神经活动。此外，大脑中的炎症反应可能会增加，而慢性炎症对脑部健康是有害的。

上述这些变化都会影响人体的认知功能，包括记忆力、注意力和智力。老年人可能会发现自己记忆力下降，难以集中注意力，反应变慢，复杂动作难以协调，学习速度变慢，甚至在日常活动中犯错误的频率增加。但是，老龄化也可能带来积极的认知变化，例如老年人可能比年轻人拥有更多的知识和经验。

所以，随着岁月的推移，我们的大脑在结构和功能上悄悄地发生变化，这就是所谓的大脑老化。这和头发变白、视力下降、听力减弱及皮肤弹性降低一样，是一种正常的生理过程。不过，这些变化不应与脑部疾病相混淆，比如那些导致认知能力下降的神经系统疾病（如阿尔茨海默病）。

科学家们一直在努力寻找促进健康、延缓大脑衰老的方法，以尽可能延缓这些变化对大脑记忆功能的影响。保持身体健康对大脑是有益的，例如控制慢性疾病（如高血压、糖尿病和高血脂等），最终也会有助于大脑的健康。健康饮食、定期运动、积极参与社交活动，这些都对维持认知功能、减缓大脑老化有积极作用。

总而言之，虽然大脑老去是不可避免的，但我们可以采取一些措施来减慢它的步伐。请记住，保持健康的生活方式对大脑的健康可是大有好处的。所以，让我们一起来好好疼爱自己的大脑，让它保持年轻、活力十足！

23. 记忆力下降有哪些不同类型？

老王今年已经六旬有余，他最近出门老是忘了带钥匙，走到半路竟然不记得是否锁了门；还常常在出门前忘记关灯、关煤气；到了超市总是记不起要买什么……在我们日常生活中，很多人都会遇到这些记忆力下降的烦恼，随着年龄增长，特别是对于老年人而言，这类情况更加普遍。尽管这些记忆问题是衰老过程中相当普遍的现象，但当记忆力下降开始影响到我们日常生活的正常进行时，它就成了一个健康问题，需要医疗保健专业人员做进一步的评估。那么，有哪些记忆问题是正常的衰老现象呢？记忆力下降究竟有哪些不同类型呢？

在医学上，记忆力下降主要指的是遗忘。遗忘是指对已经学过的材料和情节不能再认或回忆，或者表现为错误的再认或回忆。当这种情况严重到影响患者的日常生活时，就需要请医疗保健专业人员做进一步的评估。具体来说，记忆力下降可能表现为在学习和记忆新事物与新信息时感到困难，或者在回忆旧事件或过去熟悉的信息时遇到障碍。

偶尔的健忘以及在回忆姓名、日期、事件时出现的延迟，可能是正常衰老过程的一部分。例如，我们有时可能会忘记某人的名字，但在当天晚些时候能够回想起来；有时我们可能会忘记眼镜放

在哪里，经历过“我的眼镜在哪里？”的时刻，但最终我们又找到了眼镜，可能在某个房间的桌面上或者在某件衣服的口袋里；或许我们需要比过去更频繁地列出备忘录以记住要做的事情。这些与年龄相关的记忆力下降的现象通常是可以控制的，不会对我们的工作、生活或社交能力产生太大影响。

然而，当记忆问题开始干扰到正常的日常生活时，它就不再被认为是正常的衰老现象了。比如，在冰箱里找到眼镜后，我们需要思考这副眼镜的用途；或者忘记钥匙的用途、反复问同样的问题，说话时经常忘记常用词语，以及在熟悉的地方走错路或者开车时迷路等，这些情况可能是病理性的记忆力下降，需要警惕认知障碍的发生。关于这一问题，我们将在后面的章节中进行更详细的讨论。

不同的记忆力下降类型在表现上会有所不同，可将其分为顺行性遗忘和逆行性遗忘。

顺行性遗忘是指不能形成新的记忆，但已经形成的记忆保持完好。比如，回忆不起在疾病发生后一段时间内所经历的事情，无法回想起近期发生的事件，也难以学习新事物，无法保留新的信息，但远期记忆仍然保留。自然衰老导致的记忆力减退属于这一类型。此外，顺行性遗忘也常见于阿尔茨海默病早期及严重的颅脑外伤等情况。

逆行性遗忘是指回忆不起记忆受损之前某一段时间的事情或者过去的信息，常发生于非特异性脑病时，例如电击、脑震荡后遗症及阿尔茨海默病中后期等。

随着年龄的增长，记忆力下降是一个普遍的现象，而不良情绪和不良生活习惯也可能导致记忆力下降，其中有些情况下的记忆

力下降是可逆转的。然而,一些病理性改变和早期痴呆也可能表现为记忆力下降。因此,当出现记忆力下降时,及早就医是至关重要的,以便区分是自然衰老引起的还是病理性改变引起的,并进行早期干预和治疗。

24. 什么是认知障碍？

认知障碍是一种让大脑像生了锈的齿轮一样无法正常运转的情况。比如说，我们来聊聊老吴。老吴今年已经 75 岁了，家人发现他从几年前开始就记性变差了，刚说的事他一会儿就忘了。一开始大家觉得这是因为年纪大了，这种事情挺正常的。可渐渐地，他对很多事情都失去了兴趣，经常问同样的问题。后来，他甚至连自己邻居的名字都想不起来了。有一天，他竟然不认识自己的孩子，出门后还迷路了，哪怕是在自己熟悉的小区里都不知道怎么回家……老吴怎么了？这就像是他的大脑出了故障，有些重要的地方无法正常运作。也许他患上了“认知障碍”。

认知障碍，也称为认知缺陷，是指多种认知功能出现问题的情况。这会影响到人们的思维、记忆、学习能力和理解力等。它会表现为记忆力减退、注意力不集中、思维变慢、说话困难、空间感知能力差、判断力下降，甚至执行功能受损等症状，有时还会伴随着性格、情绪上的改变和异常行为。这些症状可能会逐渐恶化，严重时可影响到日常生活质量。引起认知障碍的原因有很多，比如阿尔茨海默病、脑血管病、全身系统性疾病等。

根据认知功能严重程度的不同，通常将认知障碍分为轻度认知障碍和痴呆两种。轻度认知障碍意味着认知功能介于正常和痴

呆之间，患者可能常常忘事、忘记参加重要的活动或约会，或者比同龄人更难想出想要说的词语。这意味着他们在记忆或其他思维方面比同龄人有更多问题，但他们的日常生活和社交能力尚未受到明显影响。很多轻度认知障碍患者最终会逐渐进展为痴呆，但也有少数人的认知水平保持长期稳定甚至恢复正常。一些疾病和情况，如甲状腺问题、维生素缺乏、药物不良反应、抑郁症、焦虑症、睡眠障碍等，也可能导致轻度认知障碍。积极解决这些问题对改善认知功能很有帮助。此外，轻度认知障碍通常是某些神经退行性疾病的早期阶段，比如阿尔茨海默病和帕金森病。

而痴呆则是认知功能严重受损的阶段，严重影响到个人的日常生活和社交能力，常伴有行为异常和人格改变。阿尔茨海默病是最常见的痴呆原因，其患病人数占 65 岁及以上痴呆患者病例数的三分之二。其他常见的痴呆原因包括血管性痴呆、路易体痴呆、额颞叶痴呆、帕金森病引起的痴呆等。

随着时间推移，阿尔茨海默病会导致记忆、思维、学习和组织能力的下降。患者最明显的特征是记不住最近发生的事情，但很早之前的事情却能记得很清楚。此外，他们的计算能力下降，解决简单的算术问题都有困难；空间感知能力减弱，甚至在自家附近也可能迷路；个性和情绪会发生变化，变得固执、多疑等。患者的大脑会出现脑皮质萎缩、脑室扩大、海马严重萎缩，病理检查显示脑实质内形成大量的淀粉样斑块，神经元细胞大量死亡。虽然阿尔茨海默病目前尚无法治愈，但某些药物和疗法可以帮助暂时控制症状。

最后，让我们来看一下认知障碍的一些危险信号：

（1）记忆力减退，记不住眼前或短期内发生的事情。

（2）语言表达困难。

（3）在处理熟悉的事务时出现困难。

（4）时间观念与方向感丧失，甚至会迷路。

（5）理解力或安排事务的能力下降。

（6）判断力与警觉性降低。

（7）个性改变。

（8）情绪多变，容易发怒。

（9）常把东西放在不适当的地方。

（10）失去活动力，无法照顾自己等。

如果你或你身边的人出现以上症状，尤其是多个症状同时存在时，及时就医和进行专业评估至关重要。及早发现和治疗，有助于提升生活质量。请记住，饮食健康、多动脑、多参与社交活动，还有别忘了锻炼身体和保持良好的睡眠习惯。这些简单的小窍门能给我们的大脑带来巨大的好处，有助于预防认知功能障碍的发生。

25. 认知障碍如何影响记忆力呢？

我们都知道，随着年龄的增长，老年人的记忆力可能会有所下降，这在生理上是正常的。然而，有些老年人的记忆力下降超过了正常范围。就拿我们邻居老吴来说，他今年已经 75 岁了，以前记忆力一级棒，性格也开朗。可是最近几年，他的家人发现他的记忆力越来越差，而且脾气也不是很好。一开始他常常忘记刚说过的话和做过的事，后来连儿孙来看他，他都分不清谁是谁，早上吃了什么也想不起来。有时候他出门后会迷路，想回家却找不到回去的路。对于老吴这样的情况，我们就需要警惕他是否存在认知障碍的问题。在前面的部分，我们已经了解到，随着年龄增长，老年人可能会出现认知障碍的症状。

再回顾一下，什么是认知？什么是认知障碍？

认知就是机体认识和获取知识的智能加工过程，包括学习、记忆、语言、执行和理解判断等方面。而认知障碍则是指知觉、注意、记忆、语言或思维等认知功能的病理状态。

记忆是存储和提取信息的一种能力。认知障碍可对记忆产生广泛而显著的影响。大多数认知障碍患者都会出现记忆力障碍，表现为遗忘、记忆力减退或者记忆错误。记忆力减退是认知障碍常见的表现形式。在疾病的早期，患者症状较轻，主要表现为近期

记忆受损，可能会忘记刚刚发生的事情，比如刚刚听到的信息、刚刚阅读的内容或者刚刚发生的事件。随着病情的发展，其长期记忆也会受到影响，可能难以回忆起过去的事件、人物、时间和地点，出现计算困难，以及时间、地点和人物定向障碍。认知障碍还可能导致出现前瞻性记忆问题，例如人们忘记或无法按时执行预定的任务，记不住约会日期或错过重要的日常活动。

此外，认知障碍还会使工作记忆受损，使人们难以同时处理多个信息，难以维持思维的连贯性和灵活性。认知障碍还可能导致时序和顺序记忆问题：人们可能忘记事件发生的顺序或者错乱时间的顺序。所有这些记忆问题最终都会对个人的日常生活质量产生重要影响，具体的症状和严重程度可能因个体和疾病类型而异。

认知的基础是大脑皮质的正常功能，任何引起大脑皮质功能和结构异常的因素都可能导致认知障碍。神经元是大脑中最基本的细胞，它们负责传递信息和维持正常的机体功能。在认知障碍患者中，神经元可能会受到损伤甚至大量死亡，导致它们无法正常工作。神经递质是神经元之间传递信息的化学物质，它们在大脑中发挥着至关重要的作用。认知障碍患者的神经递质可能会出现不平衡，导致神经元之间的信息传递受到干扰。脑区是大脑中不同区域的集合，每个区域都负责不同的功能。某些脑区可能会出现萎缩，致使它们无法正常工作。神经元的损伤、神经递质的不平衡及脑区的萎缩，这些认知障碍的生理特征会进一步影响人们的思维和记忆，从而导致记忆力下降，给患者的生活带来很大的困扰。

认知障碍患者出现记忆力减退症状时，必须在医生的指导下进行规范化治疗，从而有效控制病情的发展。对于那些饱受认知

障碍之苦的人来说，改善记忆力可谓至关重要，可通过药物治疗和认知训练来实现这一目标。当然，保持健康的生活方式也同样重要，比如适当运动、饮食均衡、睡眠充足，还得改变吸烟和饮酒等不良习惯，这些都会对记忆力的提升产生积极作用。

总的来说，及时采取治疗措施，可以减少认知障碍对患者的影响，改善记忆功能，从而提高患者的生活质量。记忆力“大作战”，我们每个人都可以成为胜利者，只需用心对待、科学治疗、健康生活，就能让我们的记忆力更上一层楼！

26. 出现认知障碍疑似迹象去哪里看病？

随着年龄的增长，我们的记忆力可能会不如从前。如果你发现自己记忆力减退开始影响到日常生活和工作，或者发现自己变得情绪多变、个性有所改变，那可得留个心眼了，这可能是阿尔茨海默病的前兆！

来聊聊阿尔茨海默病都有什么表现。拿隔壁老吴来举例。老吴退休后，他老伴儿发现他老忘事，比如刚说的话和刚做的事他转头就忘，对家里的东西也是丢三落四的。更奇怪的是，老吴以前可讲究了，现在突然间就变得不那么爱干净了，而且变得多疑，老觉得自己被人盯着。这让他老伴儿百思不得其解，为此也是经常吵架。最近，老吴甚至想不起自己的名字了，出门后有时候会找不到回家的路，情绪也是忽高忽低的。这一系列的变化让老伴儿意识到，老吴可能真的出问题了，需要去医院好好检查一下。

确实，阿尔茨海默病初期常常表现为记忆力、语言能力的下降，视空间障碍，以及理解力和执行力减退等。病情发展到中期时，上述症状会更加明显，可能连自己的家庭地址、亲朋好友的名字、自己的经历都记不清了。病情发展到晚期时，患者几乎记不得任何东西，连自己的名字也记不住。

在出现记忆减退、认知功能障碍时，应该去哪里看病呢？

1）神经内科

一般医院都设有神经内科，出现了上述症状后，可以通过就诊神经内科门诊来进一步了解病情。神经内科是一类区别于我们通常认知的呼吸、消化、心血管等内科的专项科室，该科室诊治的疾病主要围绕神经系统展开。我们的神经系统主要包括大脑、脊髓和周围神经。如果把大脑比作下达指令的“司令部”，那么脊髓和周围神经就相当于传达指令的“电话线”。“司令部”和“电话线”出现问题时都会导致相应疾病的发生。总而言之，神经内科主要涉及大脑、脊髓和周围神经引起的病变。因此，当记忆、语言能力出现下降时，可以首选神经内科进行就诊。

2）记忆门诊和精神科门诊

大型医院的神经内科会设有多个亚专业科室，记忆门诊和精

神门诊就是其中两个亚专业科室。

记忆力减退是阿尔茨海默病的核心症状，因此，我国从 20 世纪 90 年代起，开始设立记忆门诊，为阿尔茨海默病的早期诊治提供更多的选择。作为一种更为专业、新型的科室，记忆门诊能够以患者为中心，是延缓阿尔茨海默病发病的重要窗口。与神经内科相比，记忆门诊在认知的早期筛查和诊治上具有一定的优势。如果所在的医院设有记忆门诊，可优先选择在记忆门诊就诊。

除了记忆力减退，阿尔茨海默病患者可能会伴有一系列精神行为异常。因此，如出现了相应的精神行为异常，也可以选择精神科门诊进行就诊，精神科门诊可更好地排除精神方面的其他疾病。

3) 老年病科

阿尔茨海默病是继心血管疾病、脑血管疾病和肿瘤后，威胁老年人健康的“第四大杀手”。我国目前≥65 岁的阿尔茨海默病患者约有 1 000 万，阿尔茨海默病已成为老年人的常见疾病。在生活中若发现身边的老人存在记忆力减退、认知障碍等症状，也可以陪伴老人前往当地医院的老年病科进行就诊。

总而言之，如果出现认知障碍疑似症状，可以选择去就近医疗机构的神经内科、记忆门诊和精神科门诊进行诊治，对于老年人，还可选择老年病科进行就诊。

对抗遗忘，保护脑海中的记忆是一场持久战，我们是在与时间赛跑。如果能在早期进行干预和治疗，那么脑海中的这块“橡皮擦”将擦除得慢一些，认知障碍发生的时间也将更晚一些。

27. 确认认知障碍需要做哪些检查？

我们常常认为阿尔茨海默病离我们很远，但实际上在历史上有很多名人均患有阿尔茨海默病。年轻时，他们在各自的领域叱咤风云，风光无限，一旦罹患阿尔茨海默病，他们的生活变得迟缓而黯然失色。

美国第一位演员出身的总统——里根，是美国第40任总统。在他83岁时，被确诊患有阿尔茨海默病。1994年，里根发表了给美国人民的公开信，宣布他罹患阿尔茨海默病这一消息。在信件中他不仅提醒美国人应该加强对阿尔茨海默病这种可怕病症的提早预防，同时也表达了对自己妻子的歉意与愧疚。“我只希望能有一种方法能使我的爱人南希从这种痛苦中解脱出来”，可见阿尔茨海默病不仅使患者本身痛苦，也给陪伴的家人带来无尽的伤痛。

阿尔茨海默病被称为是“片甲不留的疾病”，患者最后会退到一个属于自己的小世界中，属于他们的“记忆之灯”会一盏一盏地熄灭，直到完全黑暗。里根的女儿也在随后的传记中写道：“我的父亲正在一点点死去，仿佛有把巨大的刀正将他一点点切掉。”除了里根，历史上还有许多名人也深受阿尔茨海默病的困扰。

英国首位女首相——撒切尔夫人在老年时期也被确诊为阿尔

茨海默病，晚年生活难以自理。我国“光纤之父”——高锟，在2003年初，也罹患阿尔茨海默病，这样一位划时代的科学家在生病后也变得像小孩子一样。其实，阿尔茨海默病离我们很近，一旦认知的“野马”脱缰而去，我们将出现记忆减退、词不达意、判断力下降等症状，这时候我们需要提高警惕，通过一系列的专业检查，确认是否真的出现了认知障碍。

首先，应该进行全面的神经系统检查。

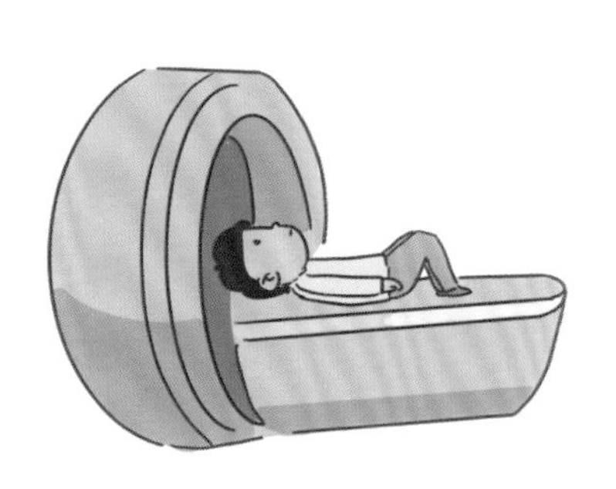

这些检查包括磁共振成像(MRI)、脑电图(EEG)和经颅多普勒超声(TCD)等。其中，最常用的是MRI检查，它是检查大脑的“利器”，能发现大脑内许多微小的病变，例如淀粉样蛋白斑块、神经纤维缠结、脑白质脱髓鞘等。EEG能帮我们发现大脑电活动的异常，因为这个检查对人体会有一点损伤，所以在临床上不常规推荐。TCD则是通过超声波的多普勒效应检查脑血管，既安全又方便，能看出血管有没有狭窄，以及病变严重程度。

除了这些“硬件”检查外，对于怀疑有认知障碍的患者，还可以进行相关的神经心理学测验。

神经心理学测验是一种非侵入性的测试方法。常见的神经心理学测验有：①简易智能精神状态检查量表(MMSE)；②老年人快速认知筛查量表(QCSS－E)；③日常生活活动能力量表(ADL)；④临床痴呆评定量表(CDR)；⑤汉密尔顿抑郁量表(HAMD)；⑥华文认知能力量表等。这些检测量表在网上均可免费获得，花

十分钟左右的时间就能完成一项检测。

目前,科学家们正致力于研究更多的新型检测方法。

例如,通过血液检测找阿尔茨海默病的特征性标志物,以及发现血液中特定蛋白质的变化,未来可能通过这些标志物更早地发现阿尔茨海默病。

科技的进步让我们有了越来越多的检测手段,让早期诊断成为可能。早诊断、早治疗能大大提高患者的生活质量,减缓病情进展。如果你或你的亲人出现了记忆力减退、语言能力下降、判断力减退等迹象,不要犹豫,尽快到医院进行检查。这样的话,就算真的是认知障碍,也能早做准备,早开始治疗。

28. 针对认知障碍的记忆训练方法有哪些？

隔壁的老吴最近似乎有点儿不对劲，总爱重复同样的问题，说过的话他一下子就忘了。老吴的儿女发现，爸爸开始忘记一些重要的事情，比如家人的生日，甚至是怎么去市场的路。这不仅令人担忧，也让人意识到，记忆力的减退并不是简单的老年糊涂，而可能是认知障碍的信号。

认知障碍中最常见的症状之一就是记忆障碍。随着年龄的增加，记忆力可能会逐渐下降，严重时甚至会影响到日常生活。然而，目前针对记忆障碍的治疗方法较少，主要还是依靠药物治疗，而效果往往不是很理想。那除了药物治疗外，我们还能做些什么呢？实际上，通过一些记忆训练方法，我们可以帮助像老吴这样的认知障碍患者。

美国加州大学洛杉矶分校戴尔·E. 布来得森教授曾在他的《终结阿尔茨海默病》一书中写道："每个人都可能认识一位癌症康复者，但没有人见到一位阿尔茨海默病的康复者"。这句话让我们意识到阿尔茨海默病的治愈之路漫长且艰难。但是，我们依旧可以通过以下几种常用的记忆训练方法来延缓其发展。

首先，我们来聊聊"温故而知新"。

就像复习课本一样，通过反复回顾，我们能更深刻地记住知识

点，可以尝试把需要记忆的信息和日常生活联系起来，例如可以让老吴每次看到某个特定的物品时，都能联想到某个特定的记忆。此外，通过制作信息摘要、分类归纳，甚至创建数字化的列表，帮助他更好地组织和回顾记忆内容。

有的时候，我们还可以借助电视节目或者小游戏来加强记忆。就像老人家喜欢看的连续剧，不仅能让他们开心，还能帮助他们记住故事情节，锻炼记忆力。

除了复习法外，还可以借助图像进行记忆。

人脑对图像的记忆效率往往比文字高。通过我们所看到的画面，可以帮我们记住很多的信息。对于有认知障碍的家人，我们可以用图片帮助他们保持记忆。

记忆宫殿法听起来挺高大上的，其实就是把新知识和熟悉的场景联系起来。

比如要记忆购物清单时，可以想象自己在超市的每个区域挑选商品的场景，这样就容易记住需要购买的东西了。

记住，保持高度集中的注意力是提升记忆质量的关键。

在使用这些记忆方法时，保持专注是非常重要的。记忆训练需要时间和持续的努力，尤其是面对阿尔茨海默病这样的挑战时，我们可能会觉得有些挫败。但记住，坚持就是胜利。即使是小小的进步，也能带来更多的快乐和希望。

29. 认知障碍的预防策略有哪些?

你知道吗?在我国有超过 1 000 万的老年人被阿尔茨海默病困扰着,它是导致老年人丧失行为、记忆和语言能力的主要原因,严重影响患者的工作和生活。因此,为了避免认知障碍的发生,应该从现在就开始采取一些预防措施。

1)保证足够的睡眠

你有没有发现,越是年纪大的人,他们的睡眠时间就越短,他们经常将“睡不着”这句话挂在嘴边。确实,随着年龄的增长,睡眠质量往往会降低,睡眠时间也会大幅度减少,因此老年人更容易患上认知障碍。研究发现,与没有睡眠问题的老年人相比,患有阿尔茨海默病的老年人更容易失眠。因此,我们建议老年人每晚仍需要有 7～8 小时的睡眠,养成规律的睡眠习惯,这样更有益于身心健康。

2)保持健康的饮食习惯

饮食与我们的健康息息相关。在日常饮食中,应该多吃蔬菜、水果、鱼类等有益脑健康的食物，少吃油腻食物和甜食，保持健康的饮食习惯。此外，还应该注意增加钙和维生素 D 的摄入量，以促进神经细胞的健康发育。

如果没有一个健康的饮食习惯，将进一步导致肥胖的发生。肥胖是认知障碍的重要风险因素之一，当体重指数≥24 kg/m^{2}时，会显著增加痴呆的发生风险。在日常生活中，超重或肥胖者应积极控制体重，防止认知功能受损。另外，如果在日常生活中无法自行减重，可以在医生或营养师的指导下进行饮食控制和运动干预。

此外，吸烟和饮酒也是值得注意的地方，戒烟和控制饮酒量对防止阿尔茨海默病的发生大有裨益，过量饮酒可加速认知障碍和痴呆的进程，同时还会导致出现其他健康问题，如心血管疾病和抑郁症。

3）坚持锻炼身体

运动不仅能让人保持身材，还可以促进大脑的血液供应，提高认知能力。美国国立卫生研究院指出，锻炼可以降低与年龄相关的认知障碍风险。不过，运动量得适中，别累坏了身体。过度运动会对身体产生负面影响，例如血压升高、血糖波动、肌肉质量下降、疲劳、抑郁、焦虑和睡眠障碍等。

因此，在开始运动前，需评估自己的身体状况并了解自己的目标和需求，建议在专业人士或医生的指导下进行锻炼。需要格外提醒的是，在运动前后应注意补充水分，以免造成身体脱水。

4）积极参加社交活动

积极参加社交活动可降低患阿尔茨海默病的风险。因此，学习新事物可以帮助人们保持智力和认知能力。如果你有某种爱好，那么请继续保持下去，因为你的爱好将是你一生的“忠实伴侣”！

阿尔茨海默病的阴影虽然可怕，但我们有很多方式可以让这个阴影不那么可怕。重要的是，我们不能等到问题出现了才开始行动。就像种一棵树，最好的时间是10年前，其次就是现在。

所以，从现在开始，让我们用每一个行动，比如调整作息时间、优化饮食结构、坚持适量运动、积极参加社交活动，共同构筑一道对抗认知障碍的坚实防线。

30. 如何照护身边的失忆老人？

照顾失忆老人是一项充满挑战但又极为重要的任务。从隔壁老吴到我们身边的每一个家庭，失忆症，特别是阿尔茨海默病，都在考验着家人的耐心、爱心和智慧。如何在这场与遗忘的战斗中尽我们所能，为我们的亲人提供最好的照顾呢？以下是一些建议，希望能够帮助到正面临这个挑战的每一个家庭。

1）创建安全的生活环境

为防止老人走失，可以为老人配备带有联系信息的手环，确保

他们的衣服上也有紧急联系方式。如果老人外出时间较长，目的地较远，最好由家人陪同。家中应安装夜灯，防止老人夜间起床时摔倒，移除可能造成跌倒的障碍物。

对于生活不能自理的患者来说，也要注意避免跌倒或坠床。若患者不能很好地活动四肢和躯体，可使用安全扣或者系好安全带。一些病情比较严重的患者应尽量避免外出，因为可能会在外面走失或者跌倒。

2）保持耐心与理解

遇到老人忘记东西或重复提问时，应保持耐心，因为他们并不是故意的。当发现老人做错事情时，我们应尽量避免对老人进行责备。想想我们小时候犯错时，父母总是一遍遍耐心地教导我们，告诉我们什么是对的，什么是错的，用他们的言传身教影响着我们，现在我们也应该对父母多一点耐心和体贴。

3）鼓励适度参与家务

让老人参与在他们能力范围内的家务活动，如折叠衣服、擦桌子等，这不仅能让他们感到自己是家庭中的一员，还有助于保持他们的身体和心理活跃。

4）避免谈论负面信息

避免向老人传递负面信息，比如不要在老人面前谈论社会上

的恐怖事件；不要对老人说“你很笨”“为什么总是做错”等消极的语言。多和老人交流，避免对其造成情绪上的刺激。即使老人犯了错，也应该多鼓励，少一些言辞激烈的说教。

5）合理安排饮食

考虑到失忆老人可能面临的食欲下降或吞咽困难问题，应选择易于咀嚼、吞咽且营养丰富的食物，在食物的色、香、味上需要更加注意，尽量使食物种类多样化，以满足身体对不同营养成分的需要。

同时，在膳食中注意补充维生素和无机盐，适当进食含高热量、高蛋白质、高维生素的食物。实时补充水分，多吃新鲜的蔬菜和水果。值得注意的是，痴呆症患者的饮食还应遵循以下原则：少食多餐，避免暴饮暴食；低脂饮食；多进食富含抗氧化成分的食物。

6）保证充足的睡眠

良好的睡眠对于减缓记忆力减退非常重要，为老人创造一个舒适的睡眠环境，保持按时睡眠的习惯。

7）鼓励社交

鼓励老人与家人、朋友交流，积极参与社区活动，减少孤独感，促进其与外界的情感交流。

H）社会和家庭支持

阿尔茨海默病患者需要得到从家庭到社会层面多方面的关爱。在家庭支持层面上，要为老人提供安全、稳定的生活环境，帮助老人建立战胜疾病的信心。当家庭照护者感觉力不从心时，不要犹豫去寻求专业人员的帮助。此外，社会层面的支持同样非常重要，从提供医疗资源到创建良好的社区环境，我们应共同构建一个支持性的环境，让失忆老人及其家庭感受到温暖和希望。

结 语

记忆与遗忘

嘿，大家好！你有没有过这样的经历？当学习一个新知识时，你兴高采烈地记住了，可是过段时间却发现记不太清楚了？别担心，这其实是我们大脑里记忆和遗忘的“大作战”！

首先，让我们来揭开记忆的神秘面纱。当我们学习新知识时，我们的大脑会像变魔术一样发生一系列神奇的变化，这些变化让我们能够记住新的信息。有一部分像是我们大脑的“存储区”，负责保存我们的记忆，就好像是电脑的硬盘一样。还有一部分像是“搜索引擎”，负责帮助我们找回保存在大脑中的信息。

大脑颞叶皮质深部(海马)提供信息的正确记忆保存，类似于电脑存档时的保存键。大脑后部区域主要负责记忆存储，更像电脑的内存硬盘，文档都存在该部位。前额正后方的额叶皮质帮助我们检索记忆，等同于电脑的检索功能，调取大脑后部区域存储的信息。

在日常生活、学习及工作中，我们会涉及许多类型的记忆。一般来说，记忆功能可分为活动记忆和非活动记忆。

开始学习和背诵时，接收外部世界新的信息，最初都只在主动记忆中体现。主动记忆时大脑神经暂时性强化连接并处于活跃状态，决定我们有意识或无意识地做出指令或动作，也称为活动记忆。我们的短期记忆和工作记忆都属于主动记忆。

还有一部分记忆称为非活动记忆，比如长期记忆、参考记忆和被动记忆，这些记忆是需要在主动记忆的基础上进一步加工才能得以巩固，将所获得的信息长时间静止地储存在大脑内，能够保持几天到几年。

而遗忘，其实就是大脑的“清理工作”。如果我们不经常复习或使用某些信息，它们就会慢慢地从我们的大脑中消失，就像是把文件从电脑里删掉一样。这其实是大脑为了更好地处理新的信息而自动进行的“清理”。

在我们的日常生活中，有些记忆是我们刻意去记住的，比如认识新事物或者记住一段口诀。而有些记忆是在我们不经意间形成的，比如小时候的美好回忆或者熟练的技能。但随着时间的推移，我们会发现自己似乎越来越难记住一些东西，这其实是一种正常的现象。

遗忘机制大致涉及联想干扰、自发遗忘、主动记忆的移位、检索线索不足四个方面。虽然遗忘的过程非常复杂，无法用任何一个原理来解释，但健康人群中的大多数遗忘似乎是一种主动的、功能性的抑制过程。而不是病理性的记忆损害或者记忆障碍。

如果在大家的日常生活中没有遗忘的话，大脑会出现超负荷运转，给我们带来负担和痛苦。选择性遗忘其实就是大脑的自我保护，往往能提高大家日常处理事务的能力，对我们的生活和工作有着很大的帮助。也就是说，正常遗忘与正常记忆的平衡有助于我们的大脑持久地工作，避免大脑过度疲劳。

但有时候我们需要警惕病理性的遗忘。比如，可能忘记了自己的家庭地址，或者忘记了刚刚发生的事情。这种情况可能是因为大脑的某些部分出现了问题，导致我们无法正常地记住信息。

病理性遗忘有顺行性遗忘和逆行性遗忘两种。顺行性遗忘是对发病后近期发生的事件不能正常记忆；而逆行性遗忘是回忆不起来发病之前的一些经历和事件。

顺行性遗忘往往是因为我们的海马无法正确保存记忆，不具备快速学习记忆的能力。逆行性遗忘主要是由于大脑后部区域存储记忆受到损害或信息删除导致。如果前额叶区域功能减弱或丧失，会让我们回忆以前的记忆变慢或者不那么准确。

所以，虽然遗忘是一种正常的现象，但如果我们发现自己经常忘记一些重要的信息，那就需要及时去医院看看医生了。毕竟，健康的大脑对我们来说太重要了！记忆和遗忘，就像是大脑中的一场“存储与清理大作战”。只有在这场战斗中保持平衡，我们的大脑才能保持健康，让我们的生活更加丰富多彩！

希望通过这本书，让你对记忆和遗忘能有更深入的了解。记得多动脑筋，保持良好的生活习惯，进行一些记忆力训练，让我们的大脑更健康、记忆力更强大！

参考文献

[1] 罗伯特・费尔德曼. 发展心理学：人的毕生发展[M]. 苏彦捷，译. 8 版. 上海：华东师范大学出版社，2022.

[2] 东尼・博赞. 超级记忆[M]. 卜煜婷，译. 北京：化学工业出版社，2015.

[3] 徐俊，郑华光，洪音. 主动脑健康　提高认知储备[J]. 中华健康管理学杂志，2021，15(2)：113－116.

[4] 中华医学会老年医学分会老年神经病学组额颞叶变性专家. 额颞叶变性专家共识[J]. 中华神经科杂志，2014，47(5)：351－356.

[5] 中国医师协会全科医师分会，北京妇产学会社区与基层分会. 更年期妇女健康管理专家共识(基层版)[J]. 中国全科医学，2021，24(11)：1317－1324.

[6] 吴润果，罗跃嘉. 情绪记忆的神经基础[J]. 心理科学进展，2008，16(3)：458－463.

[7] CRICHTON G E, ELIAS M F, DAVEY A, et al. Higher cognitive performance is prospectively associated with healthy dietary choices: the maine syracuse longitudinal study [J]. J Prev Alzheimers Dis, 2015,2(1):24－32.

[8] 黄维,毕齐.短暂性脑缺血发作新进展[J].中国卒中杂志,2014,9(10):874-879.

[9] 中国痴呆与认知障碍指南写作组,中国医师协会神经内科医师分会认知障碍疾病专业委员会.2018中国痴呆与认知障碍诊治指南(一):痴呆及其分类诊断标准[J].中华医学杂志,2018,98(13):965-970.

[10] 中国痴呆与认知障碍诊治指南写作组,中国医师协会神经内科医师分会认知障碍疾病专业委员会.2018中国痴呆与认知障碍诊治指南(五):轻度认知障碍的诊断与治疗[J].中华医学杂志,2018,98(17):1294-1301.